AVALIAÇÃO DAS HABILIDADES BÁSICAS DA MATEMÁTICA

UM DESAFIO PARA A EDUCAÇÃO ESPECIAL

Editora Appris Ltda.
1.ª Edição - Copyright© 2024 da autora
Direitos de Edição Reservados à Editora Appris Ltda.

Nenhuma parte desta obra poderá ser utilizada indevidamente, sem estar de acordo com a Lei nº 9.610/98. Se incorreções forem encontradas, serão de exclusiva responsabilidade de seus organizadores. Foi realizado o Depósito Legal na Fundação Biblioteca Nacional, de acordo com as Leis nos 10.994, de 14/12/2004, e 12.192, de 14/01/2010.

Catalogação na Fonte
Elaborado por: Dayanne Leal Souza
Bibliotecária CRB 9/2162

R535a 2024	Richter, Jaqueline Avaliação das habilidades básicas da matemática: um desafio para a educação especial / Jaqueline Richter. – 1. ed. – Curitiba: Appris, 2024. 226 p. : il. color. ; 23 cm. (Coleção Ensino de Ciências). Inclui referências. ISBN 978-65-250-6275-4 1. Avaliação. 2. Matemática. 3. Educação especial. I. Richter, Jaqueline. II. Título. III. Série. CDD – 372.7

Livro de acordo com a normalização técnica da ABNT

Appris
editora

Editora e Livraria Appris Ltda.
Av. Manoel Ribas, 2265 – Mercês
Curitiba/PR – CEP: 80810-002
Tel. (41) 3156 - 4731
www.editoraappris.com.br

Printed in Brazil
Impresso no Brasil

Jaqueline Richter

AVALIAÇÃO DAS HABILIDADES BÁSICAS DA MATEMÁTICA
UM DESAFIO PARA A EDUCAÇÃO ESPECIAL

Appris editora

Curitiba, PR
2024

FICHA TÉCNICA

EDITORIAL
Augusto Coelho
Sara C. de Andrade Coelho

COMITÊ EDITORIAL
Ana El Achkar (UNIVERSO/RJ)
Andréa Barbosa Gouveia (UFPR)
Conrado Moreira Mendes (PUC-MG)
Eliete Correia dos Santos (UEPB)
Fabiano Santos (UERJ/IESP)
Francinete Fernandes de Sousa (UEPB)
Francisco Carlos Duarte (PUCPR)
Francisco de Assis (Fiam-Faam, SP, Brasil)
Jacques de Lima Ferreira (UP)
Juliana Reichert Assunção Tonelli (UEL)
Maria Aparecida Barbosa (USP)
Maria Helena Zamora (PUC-Rio)
Maria Margarida de Andrade (Umack)
Marilda Aparecida Behrens (PUCPR)
Marli Caetano
Roque Ismael da Costa Güllich (UFFS)
Toni Reis (UFPR)
Valdomiro de Oliveira (UFPR)
Valério Brusamolin (IFPR)

SUPERVISOR DA PRODUÇÃO Renata Cristina Lopes Miccelli
PRODUÇÃO EDITORIAL Sabrina Costa
REVISÃO Josiana Araújo Akamine
DIAGRAMAÇÃO Andrezza Libel
CAPA João Vitor
REVISÃO DE PROVA Bruna Santos

COMITÊ CIENTÍFICO DA COLEÇÃO ENSINO DE CIÊNCIAS

DIREÇÃO CIENTÍFICA Roque Ismael da Costa Güllich (UFFS)

CONSULTORES
Acácio Pagan (UFS)
Gilberto Souto Caramão (Setrem)
Ione Slongo (UFFS)
Leandro Belinaso Guimarães (Ufsc)
Lenice Heloísa de Arruda Silva (UFGD)
Lenir Basso Zanon (Unijuí)
Maria Cristina Pansera de Araújo (Unijuí)
Marsílvio Pereira (UFPB)
Neusa Maria Jhon Scheid (URI)

Noemi Boer (Unifra)
Joseana Stecca Farezim Knapp (UFGD)
Marcos Barros (UFRPE)
Sandro Rogério Vargas Ustra (UFU)
Silvia Nogueira Chaves (UFPA)
Juliana Rezende Torres (UFSCar)
Marlécio Maknamara da Silva Cunha (UFRN)
Claudia Christina Bravo e Sá Carneiro (UFC)
Marco Antonio Leandro Barzano (Uefs)

AGRADECIMENTOS

Agradeço primeiramente a mim, sem meu esforço, dedicação, empenho e leituras incansáveis este livro não estaria aqui.

Ao Diego, dedico agradecimento especial por ter me apoiado e compreendido.

Ao Jáder e à Rosani, por acreditarem que sou mais capaz do que, na verdade, sou, o que sempre me motivou a dar o meu melhor.

À minha família, por compreender a minha ausência e necessidade de distanciamento.

À Neiva, seu apoio e auxílio foram essenciais para a conclusão desta escrita.

Ao Marcus, sem ele eu ainda estaria muito distante, sua presença em minha vida foi fundamental.

À Karin, seu encanto pela Matemática e pelo ensino me mostraram que uma pedagoga pode adentrar o mundo das Ciências Exatas.

Aos meus amados alunos, nossas práticas motivam cada uma das minhas pesquisas, é por vocês que estudo e escrevo.

Agradeço a todas as energias cósmicas superiores que de alguma forma me auxiliaram, ter fé em algo maior foi essencial.

PREFÁCIO 1

Jaqueline é uma pesquisadora irrequieta e insatisfeita consigo mesma. Compreende a incompletude dos sujeitos, especialmente dela mesma, e não se conforma com essa situação. Por isso está sempre estudando e ampliando horizontes de discussão. O fruto que talvez seja, por enquanto, o mais relevante de sua inconformidade é a investigação que agora se apresenta na forma de livro e que trata da aprendizagem de Habilidades Matemáticas Básicas na Sala de Recursos Multifuncionais. A investigação da Jaqueline forma conceitos importantes e consolida definições a respeito de temas relevantes para a compreensão da inclusão.

Percebe-se na leitura que a sala de recursos precisa se constituir em local de trabalho de professores especializados e identificados com essa causa e não um modo de completar carga horária de docentes. Disso surge a contribuição fundamental da Jaqueline para a comunidade de educação: um protocolo de avaliação de habilidades matemáticas básicas gratuito e que pode ser utilizado por qualquer professor no Brasil. Além disso, o livro traz uma importante revisão da legislação sobre educação inclusiva, apresentando contrapontos com a prática percebida nas escolas.

Jaqueline fala diretamente aos professores da sala de recursos multifuncionais, o que torna o livro referência nessa discussão.

Professor Dr. Marcus Eduardo Maciel Ribeiro.
Diretor Geral do campus Novo Hamburgo do Instituto Federal Sul-rio-grandense - IFSul. Presidente da Sociedade Brasileira de Ensino de Química - SBEnQ. Professor permanente no Programa de Pós-graduação em Química (PPGQ) na UFPel. Professor permanente no Programa de Pós-graduação em Educação em Ciências (PPGECi) na Universidade Federal do Rio Grande do Sul (UFRGS)

PREFÁCIO 2

Agradeço à Jaqueline Richter pela honra que me concedeu ao prefaciar este livro instigante, que está ancorado no campo da Educação Especial, nos proporcionando subsídios para pensar a avaliação de habilidades matemáticas em meio ao Atendimento Educacional Especializado.

A discussão proposta é de extrema relevância, pois existe hoje uma grande preocupação no campo do ensino da Matemática com a superação de índices de aprendizagens insuficientes e com o atendimento de crianças com defasagens de aprendizagem. A obra torna-se ainda mais significativa por emergir do contexto de atuação da Jaqueline, com a qual ela, desde o princípio de suas pesquisas, demonstrou genuína preocupação e desejo em contribuir com os desafios identificados.

Neste sentido, os dois primeiros capítulos da obra são dedicados a apresentar a trajetória da Educação Especial no Brasil, detalhando a construção da legislação dessa modalidade de ensino e do entendimento e das características dos sujeitos a qual ela se destina. Também abarcam a discussão da abrangência do Atendimento Educacional Especializado e o momento da estruturação das Salas de Recursos Multifuncional no Brasil, bem como, a multiplicidade de conhecimentos e habilidades que o professor especialista necessita para atuar com propriedade neste espaço.

Os capítulos seguintes estão centrados nas práticas de avaliação que ocorrem nas Salas de Recursos Multifuncionais e na importância de os profissionais distinguirem os transtornos e deficiências de possíveis dificuldades de aprendizagem em Matemática. Para isso, a autora detalha como se dá o desenvolvimento cognitivo das habilidades matemáticas básicas dos estudantes nos primeiros anos de escolaridade, alicerçando sua discussão nos procedimentos de contagem, no reconhecimento dos números e nas estratégias de cálculos possíveis para este ciclo.

Destaque especial deve ser dado ao quinto capítulo da obra, em que a Jaqueline levanta uma questão legítima que atravessa as práticas das Salas de Recursos Multifuncionais: como e por que avaliar as habilidades matemáticas básicas? É surpreendente os resultados encontrados a partir de sua pesquisa, pois eles dão visibilidade ao fato de que a avaliação dessas habilidades se apresenta como um desafio para o professor da Educação

Especial. Desse modo, as contribuições da obra se acentuam, a partir da percepção de que tais dificuldades se dão tanto pela falta de instrumentos para realizar as avaliações, como pela dificuldade de consenso acerca do que são as habilidades matemáticas básicas nesta etapa de ensino.

Por fim, a obra apresenta uma sugestão de "Protocolo de Avaliação de Habilidades Matemáticas Básicas", criado pela autora como um recurso para que os professores de escolas de Educação Básica possam realizar a avaliação pedagógica dos estudantes público-alvo da Educação Especial. O Protocolo também pode ser utilizado para a avaliação pedagógica de estudantes encaminhados pelos professores do ensino regular ao Atendimento Educacional Especializado, uma vez que apresentem dificuldades de aprendizagem. Habilidades matemáticas básicas de correspondência, comparação, classificação, sequenciação, seriação, inclusão e conservação são mapeadas a partir das propostas que compõe a sugestão de Protocolo.

Enfim, trata-se de uma obra relevante que pode ser utilizada em diferentes espaços escolares, seja por professores da Educação Especial, como professores que atuam nas Atendimento Educacional Especializado ou, ainda, por professores que ensinam Matemática e que precisam ou desejam realizar tal mapeamento em suas turmas.

Assim, é com grande satisfação que dou meus parabéns à Jaqueline! Sua obra oferece aos educadores e pesquisadores um maior entendimento e subsídios de como as práticas de avaliação de habilidades matemáticas básicas podem acontecer, contribuindo substancialmente com o desenvolvimento do campo da Educação Matemática.

Karin Ritter Jelinek
Professora do Instituto de Matemática, Estatística e Física (IMEF)
Universidade Federal do Rio Grande – FURG

APRESENTAÇÃO

A inclusão é uma temática frequente no contexto da educação, a constância com que o termo é utilizado torna-o parte do discurso e da rotina dos educadores. Prova disso está na relação temporal de buscas simples no repositório de contribuições acadêmicas Google Acadêmico®, com a palavra "inclusão" em junho de 2020 obteve aproximadamente 1.950.000 resultados em 0,05 segundo, a mesma busca simples foi realizada em outubro de 2021, obtendo-se um total de 2.200.000 itens em 0,03 segundo. Já em janeiro de 2023 obteve-se aproximadamente 2.470.000 resultados em 0,09 segundo. Identifica-se aí um quantitativo que aumenta significativamente com o passar dos anos.

Ao realizar a busca no mesmo repositório para a expressão "sala de recursos multifuncionais" em junho de 2020, encontraram-se aproximadamente 25.000 resultados em 0,14 segundo, já em outubro de 2021 o resultado foi de aproximadamente 27.400 resultados em 0,09 segundo, em janeiro de 2023 obteve-se 33.100 resultados em 0,07 segundo.

Apesar do aumento de publicações utilizando a expressão "sala de recursos multifuncionais", a diferença no quantitativo ainda é grande. Essa diferença pode se justificar em função do contexto de aplicação de ambas. O termo inclusão pode relacionar-se a distintas áreas sociais, já a sala de recursos multifuncionais[1] (SRM) versará unicamente no contexto do atendimento educacional especializado (AEE) que acontece preferencialmente em escolas regulares na Educação Básica.

Ressalte-se que não foram utilizados outros filtros nesta pesquisa. O que se planeja analisar aqui é a atualidade da palavra inclusão em detrimento da SRM. Na perspectiva da Educação Especial, as mudanças e os avanços são constantes tanto no quesito da legislação referente ao tema inclusão, como também de publicações acerca da temática.

Este livro traz os resultados ampliados da minha dissertação de mestrado, objetiva acima de tudo auxiliar profissionais da educação, em especial aqueles atuando no contexto da Educação Especial, a realizarem

---

[1] A sala de recursos multifuncionais é um espaço localizado nas escolas regulares, da Educação Básica, onde se oferta o atendimento educacional especializado ao público-alvo da Educação Especial. Esse espaço é constituído por equipamentos, mobiliários, recursos de acessibilidade e materiais didático-pedagógicos. Além disso, o AEE deve ser realizado por professores com formação em Educação Especial.

e compreenderem os processos matemáticos básicos dos estudantes. Neste livro trarei a base teórica da Educação Especial e das habilidades matemáticas básicas. Além de apresentar os resultados da pesquisa do mestrado, trago ainda um Protocolo de Avaliação de Habilidades Matemáticas Básicas que pode ser utilizado para a avaliação dessas.

No decorrer do livro você verá que me direcionei preferencialmente aos profissionais da Educação Especial que atuam em salas de recursos multifuncionais. Mas o material deste livro pode ser consumido e utilizado por um conjunto variado de profissionais da educação e da saúde, visto que sua essencialidade é ser um recurso para aqueles que atuam no contexto da Educação Especial.

Em alguns trechos será mantida a nomenclatura original dos documentos e textos analisados para referir-se aos estudantes público-alvo da Educação Especial, como uma forma de contextualizar a visão empregada na época da publicação. Considerei isso importante, pois ao analisar o termo e o contexto em que esses foram utilizados, visualiza-se com clareza como o conceito e a nomenclatura do público-alvo da Educação Especial estão em constante processo de construção e transformação.

LISTA DE ABREVIATURAS OU SIGLAS

AACD	Associação de Assistência à Criança Defeituosa
AEE	Atendimento educacional especializado
APAE	Associação de Pais e Amigos dos Excepcionais
ATD	Análise textual discursiva
CAA	Comunicação Aumentativa e Alternativa
CAPES	Coordenação de Aperfeiçoamento de Pessoal de Nível Superior
CapsI	Centro de Atendimento Psicossocial Infantil
CEB	Câmara de Educação Básica
CEED	Conselho Estadual de Educação do Rio Grande do Sul
Cenesp	Centro Nacional de Educação Especial
CGPEE	Coordenação Geral da Política Pedagógica da Educação Especial
CID-10	Código Internacional de Doenças 10ª Edição
Cies	Centro Integrado de Educação e Saúde
CIF	Classificação Internacional de Funcionalidade, Incapacidade e Saúde
CNE	Conselho Nacional de Educação
CNPq	Conselho Nacional de Pesquisa
Conade	Conselho Nacional dos Direitos da Pessoa com Deficiência
Conae	Conferência Nacional de Educação
Corde	Coordenadoria Nacional para Integração da Pessoa Portadora de Deficiência
Covid-19	Coronavirus Disease (Doença do Coronavírus) de 2019
DPEE	Diretoria de Políticas de Educação Especial
DSM-V	Manual Diagnóstico e Estatístico de Transtornos Mentais 5ª Edição
EJA	Educação de Jovens e Adultos
EPUB3	Publicação Eletrônica

FM	Frequency Modulation
FNEP	Fundo Nacional do Ensino Primário
Fundeb	Fundo de Manutenção e Desenvolvimento da Educação Básica e de Valorização dos Profissionais da Educação
GAB	Gabinete
IAR	Instrumento para a avaliação do repertório básico para a alfabetização
IBC	Instituto Benjamin Constant
Inep	Instituto Nacional de Estudos e Pesquisas Educacionais Anísio Teixeira/MEC
Ines	Instituto Nacional de Educação de Surdos
LDB	Lei de Diretrizes e Bases
LDBEN	Lei de Diretrizes e Bases da Educação Nacional
Libras	Língua Brasileira de Sinais
MEC	Ministério da Educação
NEE	Necessidades educacionais especiais
OMS	Organização Mundial de Saúde
ONU	Organização das Nações Unidas
PCD	Pessoa com deficiência
PDI	Plano de Desenvolvimento Individual
PNE	Plano Nacional de Educação
PNEE	Política Nacional de Educação Especial
QI	Quociente de Inteligência
Saeb	Sistema de Avaliação da Educação Básica
SATEPSI	Sistema de Avaliação de Testes Psicológicos
Secadi	Secretaria de Educação Continuada, Alfabetização, Diversidade e Inclusão
SEESP	Secretaria de Educação Especial do Ministério da Educação
Senai	Serviço Nacional de Aprendizagem Industrial
SRM	Sala de recursos multifuncionais

TA	Tecnologia Assistiva
TDE	Teste de Desempenho Escolar
TGD	Transtorno global do desenvolvimento
Unesco	Organização das Nações Unidas para a Educação, a Ciência e a Cultura
Unimed	Confederação Nacional das Cooperativas Médicas

SUMÁRIO

1
A TRAJETÓRIA DA EDUCAÇÃO ESPECIAL NO BRASIL 19

2
EDUCAÇÃO ESPECIAL, ATENDIMENTO EDUCACIONAL ESPECIALIZADO E SALA DE RECURSOS MULTIFUNCIONAL: DO QUE ESTAMOS FALANDO? 31
2.1 O PROGRAMA DE IMPLANTAÇÃO DAS SALAS DE RECURSOS MULTIFUNCIONAIS 42
2.2 A QUEM SE DESTINA A EDUCAÇÃO ESPECIAL? 48
2.3 QUEM É O PROFESSOR ESPECIALISTA DA SALA DE RECURSOS MULTIFUNCIONAIS? 56

3
A AVALIAÇÃO NA SALA DE RECURSOS MULTIFUNCIONAIS 77
3.1 AVALIAÇÃO PARA IDENTIFICAÇÃO DE DIFICULDADES DE APRENDIZAGEM 86
3.2 DISTINGUINDO TRANSTORNOS E DEFICIÊNCIAS DE DIFICULDADES DE APRENDIZAGEM 96
3.3 O CENTRO INTEGRADO DE EDUCAÇÃO E SAÚDE (CIES) 99

4
HABILIDADES MATEMÁTICAS BÁSICAS E O DESENVOLVIMENTO COGNITIVO 109
4.1 FUNDAMENTOS DAS HABILIDADES MATEMÁTICAS BÁSICAS 110
4.2 OS PROCEDIMENTOS DE CONTAGEM 118
4.3 RECONHECIMENTO DE NÚMEROS 125
4.4 ESTRATÉGIAS DE CÁLCULO 130
4.5 O QUE SÃO AS HABILIDADES MATEMÁTICAS BÁSICAS? 134
    4.5.1 Correspondência 136
    4.5.2. Comparação 140
    4.5.3. Classificação 142
    4.5.4. Sequenciação 144
    4.5.5. Seriação ou Ordenação 145

4.5.6. Inclusão..147
4.5.7 Conservação 148

5
COMO E POR QUE AVALIAR AS HABILIDADES MATEMÁTICAS BÁSICAS?..................153

5.1 DIFICULDADES NA AVALIAÇÃO DE HABILIDADES MATEMÁTICAS BÁSICAS..................158

5.2 PROTOCOLO DE AVALIAÇÃO DE HABILIDADES MATEMÁTICAS BÁSICAS..................163

5.3 RELATÓRIO DESCRITIVO QUALITATIVO E QUANTITATIVO DO PAHMB..................169

6
CONSIDERAÇÕES FINAIS..................175

REFERÊNCIAS..................181

OBRAS CONSULTADAS..................209

ANEXO A
FICHA DO APLICADOR..................215

ANEXO B
MATRIZ DE PONTUAÇÃO..................217

ANEXO C
CARTAS DE APLICAÇÃO..................219

1

A TRAJETÓRIA DA EDUCAÇÃO ESPECIAL NO BRASIL

Para iniciar a discussão acerca da Educação Especial como uma modalidade de ensino, com suas especificidades, não vejo como não voltar para a trajetória da inclusão e do atendimento do público-alvo da Educação Especial. Os aspectos históricos mais antigos remontam ao início da sociedade, porém, atento-me aqui aos aspectos do ensino e do atendimento (mesmo que clínico ou institucionalizado) desses sujeitos. Inicio a análise com a evolução social, mas o foco principal do resgate histórico está centrado no atendimento e principalmente nos aspectos relacionados à sua trajetória no nosso país.

A Educação Especial, num breve resgate histórico, perpassa distintos momentos e interesses sociais. Mas a modificação da visão segregadora difere-se a partir dos momentos históricos analisados e dos interesses envolvidos. "A história da exclusão dos deficientes é muito antiga, e podemos dizer que surgiu juntamente com a civilização humana" (Castro, 2009, p. 1). A forma de ver e pensar a pessoa, o sujeito público-alvo da Educação Especial vai se modificando no decorrer da evolução da própria sociedade. "As relações estabelecidas entre a sociedade e as deficiências foram se construindo em contextos e épocas diferentes" (Pereira, 2019, p. 79).

Para esta análise foram utilizados os termos que eram empregados no tempo de cada fato histórico, buscando assim trazer a evolução das nomenclaturas e termos empregados ao indicar o público-alvo da Educação Especial. Visto que, assim como a Educação Especial, o seu público-alvo também está em constante redefinição (Pereira, 2019). O que hoje nos parece politicamente incorreto, ofensivo e inadequado, já foi senso comum (Salaberry, 2007). É importante lembrar que "[...] termos tais como 'deficiência', 'deficiente', 'portador de deficiência' e 'portador de necessidades especiais' surgiram bem recentemente, já no século XX" (Aranha, 2005, p. 6).

A exclusão vai ser pouco relatada nas sociedades primitivas, em que a sobrevivência se fazia preponderante para a própria existência (Pereira, 2019). A antiguidade clássica com o ideário de servir a *polis*, com valorização do corpo e alma perfeitos, não apresentou olhar cativo para os diferentes, os imperfeitos (Salaberry, 2007). Conforme Aranha (2005), havia nesse período duas grandes divisões de agrupamentos sociais (nobreza e populacho), o que colocou grande parte da população no papel de trabalhadora. Nesse contexto, "a pessoa diferente, com limitações funcionais e necessidades diferenciadas, era praticamente exterminada por meio do abandono, o que não representava um problema de natureza ética ou moral" (Aranha, 2005, p. 7).

A visão religiosa da diferença vai permitir a vida aos deficientes, mas a partir da concepção do cristianismo, essa diferença é vista como um pecado, uma punição (Pereira, 2019). No século XVII surgem instituições voltadas ao abrigo de deficientes mentais (Jannuzzi, 2004), não há aqui uma tentativa explícita de ensino, mas avanço da medicina, fortalecendo a tese da organicidade da deficiência (Aranha, 2005). Algumas imperfeições orgânicas, além da surdez e da cegueira eram idiotismo, cretinismo e a alienação mental (Jannuzzi, 2004). Segundo Aranha (2005),

> Enquanto que a tese da organicidade favoreceu o surgimento de ações de tratamento médico das pessoas com deficiência, a tese do desenvolvimento por meio da estimulação encaminhou-se, embora muito lentamente, para ações de ensino, o que vai se desenvolver definitivamente somente a partir do século XVIII. (Aranha, 2005, p. 13).

Em 1854, o Imperial Instituto dos Meninos Cegos inicia a caminhada da Educação Especial em nosso país. O Decreto Imperial nº 1.426 criou o Instituto. Em 1857, o Instituto Nacional da Educação dos Surdos abre possibilidade de escolarização para um grupo até então desassistido (Jannuzzi, 2004). "Ambos foram criados pela intercessão de amigos ou de pessoas institucionalmente próximas ao Imperador, que atendeu às solicitações, dada a amizade que com eles mantinha" (Aranha, 2005, p. 27).

O ensino destinado ao povo na época do fim do Império era precário. Não havia pressão social para a implantação e ampliação de ensino fundamental (Pereira, 2019). A elite provia a educação de seus filhos com o ensino domiciliar contratando preceptores (Jannuzzi, 2004). Após a Proclamação da República vários profissionais que haviam se deslocado para estudar na Europa retornam ao país com visões modernas sobre a educação de deficientes (Aranha, 2015). No Quadro 1 aponta-se uma série de ações que marcam o período.

Quadro 1 – Ações que marcaram a educação de deficientes

Data	Local	Ação
1903	Rio de Janeiro	Fundação do Pavilhão Bourneville, funcionando como abrigo e escola de crianças anormais.
1906	Rio de Janeiro	As escolas públicas começaram a atender alunos com deficiência mental.
1909	Encruzilhada do Sul-RS	Na Escola Borges de Medeiros há registro de atendimento de deficientes da comunicação e mentais.
1909	Montenegro-RS	No Grupo Escolar Delfina Dias Ferraz há registro de atendimento de crianças com problemas de comunicação, auditivo e mental.
1911	São Paulo	Foi criado, no Serviço de Higiene e Saúde Pública, a inspeção médico-escolar, que viria trabalhar com o Serviço de Educação.
1912	São Paulo	Foi criado o Laboratório de Pedagogia Experimental na Escola Normal de São Paulo.
1917	São Paulo	Laboratório de Pedagogia Experimental estabelece as normas para seleção dos "anormais".
1926	Belo Horizonte	Inaugurado o Instituto São Rafael Para Cegos.
1927	Canoas - RS	Criação do Instituto Pestalozzi.
1931	São Paulo	Criado o Pavilhão Fernandinho Simonsen com uma classe especial para alfabetização e ensino primário de crianças internadas naquele hospital.
1932	Minas Gerais	É fundada por Helena Antipoff a Sociedade Pestalozzi.
1942	Minas Gerais	Criação do Fundo Nacional do Ensino Primário (FNEP).
1947	Minas Gerais	Foi criado o Instituto Nacional de Pedagogia.
1949	Brasília	Portaria Ministerial n° 504 garante a distribuição gratuita dos livros em Braille para todo o Brasil.
1950	São Paulo	Criada a Associação de Assistência à Criança Defeituosa (AACD), com classes para deficientes físicos.
1951	São Paulo	É criado o Conselho Nacional de Pesquisa (CNPq).
1954	Rio de Janeiro	É fundada a Associação de Pais e Amigos dos Excepcionais (Apae).
1954	Rio de Janeiro	É criada a Coordenação de Aperfeiçoamento de Pessoal de Nível Superior (Capes).
1954	Rio de Janeiro	É fundado o Serviço Nacional de Aprendizagem Industrial (Senai).

Fonte: adaptado de Salaberry (2007); Aranha (2015); Jannuzzi (2004)

O Instituto Pestalozzi fundado em 1927 caracteriza-se como a primeira instituição no Brasil a atender pessoas com deficiência mental (Castro, 2009). Quando Helena Antipoff, psicóloga russa, residente no Brasil desde 1929, funda a Sociedade Pestalozzi, em 1945, cria-se o primeiro atendimento educacional especializado às pessoas com superdotação registrado no país (Salaberry, 2007). "Em 1971 foi criada a Federação Nacional das Sociedades Pestalozzi do Brasil, aglutinando todas as Sociedades distribuídas pelo País" (Castro, 2009, p. 6).

O pioneirismo dessas instituições deve-se ao fato da dificuldade e pouco interesse dos órgãos oficiais em dispor de recursos para a implantação de ações efetivas (Baptista, 2019). Há que se atentar para o fato da educação de todos, inclusive dos deficientes, já ser prevista em lei. Para Jannuzzi (2004),

> A rigor, a educação deste alunado está presente na proposta da educação de todos desde a primeira Constituição do Brasil independente, a de 1824, nas republicanas e também implícita no ensino fundamental da primeira LDBN. No entanto, isto não se generalizou para o deficiente, e educadores abriram classes especiais, instituições, oficinas etc. separadas da educação regular. Estas patenteavam, consagravam as 'diferenças', porém, ao mesmo tempo muitas delas conseguiram desenvolver nos ditos excepcionais habilidades que nem sempre a escola regular dava conta. (Jannuzzi, 2004, p. 135).

Historicamente, quando o governo falha, a sociedade civil busca formas de resolver seus problemas (Mendes, 2010). A partir de 1930 pessoas como Helena Antipoff passam a ter grande influência e desenvolvem propostas para o atendimento do público-alvo da Educação Especial em suas instituições (Salaberry, 2007). A esfera governamental desencadeia algumas ações "visando à peculiaridade desse alunado, criando escolas junto a hospitais e ao ensino regular" (Jannuzzi, 2004, p. 68). A proposta de escolarização de deficientes está aliada à esfera da saúde, em hospitais e salões, com um viés voltado para a reabilitação (Aranha, 2015).

O ensino a deficientes passa a ser nomeado de ensino emendativo. O ensino emendativo é utilizado como forma de institucionalizar o ensino para esses "diferentes" que não se adequavam ao ensino regular. "A expressão ensino emendativo, de *emendare* (latim), que significa corrigir falta, tirar defeito, traduziu o sentido diretor desse trabalho educativo em muitas das providências da época" (Jannuzzi, 2004, p. 70). Ainda, segundo Jannuzzi (2004),

> Os presidentes, como Getúlio Vargas em 1937 [...], usavam ensino emendativo referindo-se ao ensino de cegos, surdos, fisicamente anormais, retardados de inteligência e inadaptados morais. Algumas dessas categorias ficavam sob a responsabilidade do Instituto Nacional de Pedagogia em conexão com o Serviço de Assistência aos Psicopatas, e o ensino dos inadaptados morais sob a responsabilidade do Ministério da Justiça. (Jannuzzi, 2004, p. 141-142).

Com a Lei de Diretrizes e Bases da Educação Nacional (LDBEN), Lei nº 4.024/61, os "excepcionais" foram especificamente citados em uma legislação e passaram a ter direito à educação, com a prerrogativa de ser preferencialmente no sistema regular de ensino. Há então indícios de uma preocupação e ampliação de ofertas e programas para o ensino desses brasileiros. "Esse processo pode ser lido a partir de diferentes indícios, como a ampliação dos serviços, as iniciativas políticas nos diversos níveis da gestão pública e a ampliação da área no debate acadêmico" (Baptista, 2019, p. 4).

Esse processo de visibilidade para o atendimento e ensino de deficientes vai ocorrendo de forma concomitante com o incremento da industrialização no Brasil, "comumente intitulada de substituição de importações, nos espaços possíveis deixados pelas modificações capitalistas mundiais" (Jannuzzi, 2004, p. 68). Há iniciativas das fábricas em contratar pessoas "excepcionais" para cargos com salários irrisórios e extremamente insalubres (Jannuzzi, 2004). A necessidade de mão de obra iniciou a escolarização não só dos "excepcionais" como de vários outros segmentos da sociedade. No caso da Educação Especial há estímulo para a habilitação vista como uma forma de permitir certa autonomia para conduzir a vida e auxiliar a família (Jannuzzi, 2004). Gilberta Jannuzzi (2004) ainda afirma que:

> A educação emendativa também vai modificando-se lentamente, uma vez que o novo panorama nacional demanda a necessidade de ler, escrever e contar para ocupar os novos empregos na indústria ou para morar nas cidades, onde tais indústrias geralmente se localizavam. (Jannuzzi, 2004, p. 80).

Em 1971 a Lei nº 5.692/71 altera a LDB/61 e define tratamento especial para os estudantes com deficiências físicas, mentais, os que se encontram em atraso considerável quanto à idade regular de matrícula e os superdotados. Não há nessa alteração indicativos de possibilidades de atendimento ou alguma organização do sistema de ensino da época. Há ainda a ampliação da idade obrigatória para escolarização a partir dos oito anos de idade. Por contemplar os estudantes com dificuldade de aprendizagem (aqueles com atraso considerável quanto à idade regular de matrícula) gera uma busca maior desse público nas classes especiais (Baptista, 2019).

O título Educação Especial passa a vigorar em substituição ao ensino emendativo quando o presidente da República Emílio Médici o utiliza em uma mensagem ao Congresso em 1974 (Jannuzzi, 2004). A necessidade de medidas e propostas para o público da Educação Especial levou o Ministério da Educação e Cultura[2] (MEC) a criar o Centro Nacional de Educação Especial (Cenesp), tendo o objetivo de regular, disseminar, acompanhar e fomentar a Educação Especial no país. "Trata-se de uma iniciativa, apoiada por consultores norte-americanos, que inaugurava um espaço institucional para a educação especial no Ministério da Educação" (Baptista, 2019, p. 6).

O Cenesp ficou responsável pela gerência da Educação Especial, vindo a impulsionar ações educacionais voltadas aos "excepcionais" na forma de campanhas assistenciais e políticas especiais (Brasil, 1973). Para Baptista (2019),

> Os anos 1970 marcam, portanto, um momento de ampliação de serviços públicos, como as classes especiais, e de inserção da educação especial na esfera da gestão pública por meio do Cenesp, o qual será posteriormente transformado em Secretaria de Educação Especial (SEESP). Nesse momento histórico, havia o predomínio de uma concepção relativa à escolarização condicionada, pois, a depender das limitações do aluno, o encaminhamento deveria indicar o serviço — classe especial ou escola especial —, em geral de caráter substitutivo ao ensino comum. (Baptista, 2019, p. 6).

A institucionalização de "retardados mentais" a partir dos anos 80 passa a ter um viés voltado aos serviços, à tentativa de normalização, para a inclusão dessas pessoas nos meios sociais (Pereira, 2019). Já em 1981 há o Ano Internacional das Pessoas com Deficiência, organizado pela ONU (Baptista, 2019). Ocorre, então, uma série de eventos nacionais e internacionais a tratar dos direitos das pessoas com deficiência.

O processo de retirada das pessoas de sanatórios, conventos e manicômios teve diversos aspectos a influenciá-lo. A comunidade médica apontava em diversos estudos a ineficiência dessas práticas, havia ainda o interesse econômico do sistema (Jannuzzi, 2004), visto que manter os "retardados mentais" institucionalizados tornava-se cada vez mais caro para a administração pública (Aranha, 2015). Aranha (2005) ainda afirma que:

---

[2] Denominação do atual Ministério da Educação até o ano de 1995.

> Ao se afastar do Paradigma da Institucionalização e adotar as ideias de Normalização, criou-se o conceito de integração, que se referia à necessidade de modificar a pessoa com necessidades educacionais especiais, de forma que esta pudesse vir a se assemelhar, o mais possível, aos demais cidadãos, para então poder ser inserida, integrada, ao convívio em sociedade. (Aranha, 2005, p. 18).

Nesse paradigma de normalização ampliam-se os serviços de entidades assistenciais, voltadas para o acolhimento e ensino de deficientes, as escolas especiais. "As classes especiais tiveram como espaço prioritário os sistemas estaduais, o que indicou uma ampliação dos serviços públicos" (Baptista, 2019, p. 6). O processo de normalização dos deficientes passa a ser questionado. Parte-se então para o viés de inclusão social, de busca de direitos, de reafirmação das igualdades.

Em 1988 a nova Constituição Federal (Brasil, 1988) traz objetivos que abarcam a Educação Especial. Sua concepção inclusiva pode ser vista no Art. 3º, inciso IV, quando se lê que um dos seus objetivos fundamentais é "promover o bem de todos, sem preconceitos de origem, raça, sexo, cor, idade e quaisquer outras formas de discriminação". Define a educação como um direito de todos, garantindo o pleno desenvolvimento da pessoa, o exercício da cidadania e a qualificação para o trabalho, além de estabelecer a igualdade de condições, de acesso e permanência na escola. Pela Constituição (Brasil, 1988), a oferta de atendimento educacional especializado é dever do estado e deve ser preferencialmente ofertado na rede regular de ensino.

Em 1989, a Constituição do Estado do Rio Grande do Sul (Rio Grande do Sul, 1989) estabelece como dever do estado proporcionar atendimento educacional aos portadores de deficiências e superdotados, independente de idade, de forma a assegurar a implementação de programas governamentais para a formação, qualificação e ocupação desses estudantes.

A Lei nº 8.069/90 institui o Estatuto da Criança e do Adolescente, a qual reforça os aspectos da Constituição Federal além de determinar a obrigatoriedade de matrícula dos estudantes na rede regular de ensino.

A Conferência Mundial de Educação para Todos, realizada em Jomtien (Tailândia), em 1990, chama atenção para os índices de pessoas com deficiência sem escolarização. Na busca pela promoção de transformações nos sistemas de ensino e permanência na escola estabelece a Declaração Mundial de Educação para Todos (Brasil, 2016).

O ano de 1994 é marcado pela Declaração de Salamanca promulgada a partir da Conferência Mundial de Necessidades Educativas Especiais: Acesso e Qualidade, realizada pela Unesco na Espanha. O documento indicou que as escolas regulares com orientação inclusiva eram mais eficazes em combater atitudes discriminatórias, propondo, então, que todas as escolas deveriam acomodar crianças independentemente de suas deficiências.

Essas medidas internacionais geraram grande repercussão no Brasil. Tanto no discurso oficial como na visão social da inclusão, a integração e a acomodação passam a serem vistas com uma prerrogativa negativa. O discurso de inclusão fica em evidência: "aponta-se a inclusão como um avanço em relação à integração. Porquanto implica uma reestruturação do sistema comum ensino" (Jannuzzi, 2004, p. 187). O debate volta-se da pessoa com deficiência para o ensino, a escola e as formas e condições de ensino. Então, "em vez de procurar, no aluno, a origem de um problema, define-se pelo tipo de resposta educativa e de recursos e apoios que a escola deve proporcionar-lhe para que obtenha sucesso escolar" (Jannuzzi, 2004, p. 188). Essa mudança de paradigma tira do estudante a necessidade de adaptar-se ao normal para que consiga aprender, o desafio de ajustar-se passa para a escola, essa, e todos seus agentes devem adaptar-se para atender à diversidade dos seus estudantes (Jannuzzi, 2004).

Em 1994, o "Ministério da Educação publicou a Política Nacional de Educação Especial. A palavra inclusão foi definitivamente incorporada como norteadora da prática institucional" (Brasil, 2002, p. 10). Apesar disso, a palavra inclusão não aparece no documento, a Política Nacional de Educação Especial continua a nomear a integração tendo como modalidades de atendimento: atendimento domiciliar; classe comum; classe especial; classe hospitalar; centro integrado de educação especial; ensino com professor itinerante; escola especial; oficina pedagógica; sala de estimulação essencial e sala de recursos (Brasil, 1994). A Política Nacional de Educação Especial (Brasil, 1994, p. 38) conceitua a ideia de integração como

> A ideia de integração implica necessariamente em reciprocidade. Isto significa que vai muito além da inserção do portador de necessidades especiais em qualquer grupo. A inserção limita-se à simples introdução física, ao passo que a integração envolve a aceitação daquele que se insere. (Brasil, 1994, p. 38).

O documento recomendava a matrícula dos portadores de deficiências preferencialmente na rede regular de ensino. "Com isto, sinalizava que o poder público se propunha a assumir seu papel, mas que o setor privado poderia continuar atuando como já o fazia, anteriormente" (Brasil, 2002, p. 9).

A Lei de Diretrizes e Bases da Educação Nacional, nº 9.394/96, define a Educação Especial como uma modalidade de educação escolar, possibilitando serviços de apoio especializado na escola regular. Assegura aos estudantes currículo, métodos, recursos e organização específicos para atender às suas necessidades. A terminalidade específica é uma proposta aos educandos portadores de necessidades especiais que não atingiram o nível exigido para a conclusão do ensino fundamental, além de assegurar a aceleração de estudos aos superdotados. "Art. 58. Entende-se por educação especial, para os efeitos desta Lei, a modalidade de educação escolar, oferecida preferencialmente na rede regular de ensino, para educandos portadores de necessidades especiais" (Brasil, 1996).

Com os Parâmetros Curriculares Nacionais (Brasil, 1998), a discussão acerca da adaptação curricular tem início. Os educadores passam a pensar as concepções de currículo presentes no projeto político pedagógico das escolas para prever a operacionalização das adaptações. Essas são definidas em três níveis distintos: no âmbito do projeto pedagógico (currículo escolar); no currículo desenvolvido na sala de aula; e no nível individual.

O Decreto nº 3.298, que regulamenta a Lei nº 7.853/89, traz a Educação Especial como uma modalidade transversal de ensino, perpassando todos os níveis e modalidades. Também enfatiza a atuação dessa no ensino regular apontando a equipe multiprofissional, além da indicação de orientações pedagógicas individualizadas.

A Convenção Interamericana para a Eliminação de Todas as Formas de Discriminação contra as Pessoas Portadoras de Deficiência, que ocorreu em 1999, na Guatemala, é ratificada no Brasil por meio do Decreto n.º 3.956, de 8 de outubro de 2001, tendo por objetivo eliminar as formas de discriminação contra pessoas portadoras de deficiências, propiciando a integração na sociedade.

Ainda em 1999, no Governo Fernando Henrique Cardoso, é criado o Conselho Nacional dos Direitos da Pessoa com Deficiência (Conade), vinculado ao Ministério da Justiça, que possui a prerrogativa de "aprovar o plano nacional da CORDE[3] e acompanhar o desempenho dos programas e

---

[3] A sigla Corde representa a Coordenadoria Nacional para Integração da Pessoa Portadora de Deficiência, criada pela Lei nº 7.853/89.

projetos da administração pública responsáveis pela Política Nacional para Integração da Pessoa Portadora de Deficiência" (Jannuzzi, 2004, p. 169). Essa alteração faz com que a Corde precise vincular-se a mais órgãos e, segundo Jannuzzi (2004), limita e burocratiza sua atuação.

Em janeiro de 2000 o Conselho Estadual de Educação do Rio Grande do Sul publica a Resolução nº 253. Estabelecendo que escolas de Educação Especial são aqueles estabelecimentos que oferecem exclusivamente Educação Especial, que podem ainda ser denominadas de escolas especiais.

No início do ano 2000, por meio da Lei nº 10.172/2001, é aprovado o Plano Nacional de Educação. Há, nessa lei, as metas e os objetivos dos 10 anos seguintes no que concerne à educação (PNE). O Plano estabelece que o processo pedagógico deve ser adequado às necessidades dos estudantes, além de apontar para um ensino socialmente significativo. "Mas o grande avanço que a década da educação deveria produzir será a construção de uma escola inclusiva, que garanta o atendimento à diversidade humana" (PNE, 2001, p. 36).

> A educação é pensada como 'contribuição essencial' para a transformação social. A ênfase é colocada na ação da escola, da educação, como transformadora da realidade. Salientam-se métodos e técnicas de ensino. Há um certo otimismo pedagógico especial (Jannuzzi, 2004, p. 188).

O Parecer CNE/CEB nº 17 de julho de 2001 define a organização dos sistemas de ensino para o atendimento ao aluno que apresenta necessidades educacionais especiais. Elenca que a inclusão na rede regular de ensino não consiste apenas na permanência física. "Representa a ousadia de rever concepções e paradigmas, bem como desenvolver o potencial dessas pessoas, respeitando suas diferenças e atendendo suas necessidades" (CNE/CEB, 2001, p. 12). Define Educação Especial como:

> Modalidade da educação escolar; processo educacional definido em uma proposta pedagógica, assegurando um conjunto de recursos e serviços educacionais especiais, organizados institucionalmente para apoiar, complementar, suplementar e, em alguns casos, substituir os serviços educacionais comuns, de modo a garantir a educação escolar e promover o desenvolvimento das potencialidades dos educandos que apresentam necessidades educacionais especiais, em todas as etapas e modalidades da educação básica. (CNE/CEB, 2001, p. 18).

Para Jannuzzi (2004), há de se perceber e ponderar dois aspectos com relação à trajetória da Educação Especial, desde 1989, com o Decreto nº 3.298, a Educação Especial está posta como uma modalidade transversal de ensino, as demais publicações legais irão detalhar e especificar os profissionais, os serviços e as formas de atendimento, além do público-alvo dessa modalidade de ensino. A educação inclusiva não deve ser colocada como um sinônimo de Educação Especial, a concepção de educação inclusiva é muito mais recente, surge a partir de uma visão de pessoas que atuavam com deficientes, é divulgada em eventos nacionais e internacionais.

> A educação inclusiva exigiu uma mudança radical na política educacional e demandou uma completa reestruturação nas ações de gestão e nas ações educacionais de todo o sistema. A educação especial deixa de ser um sistema paralelo de ensino e se insere, definitivamente, no contexto geral da educação. (Baptista, 2019, p. 8).

A Política Nacional de Educação Especial de 1994, que aponta a inclusão como uma prática institucional (Brasil, 2002), o Plano Nacional de Educação de 2001, que busca a inclusão dos estudantes com defasagem de idade e dos que possuem necessidades especiais de aprendizagem (Brasil, 2001) e o Programa Educação Inclusiva: direito à diversidade de 2003, que busca transformar os sistemas de ensino em sistemas educacionais inclusivos (Brasil, 2016), apontam justamente para o aspecto de as instituições serem inclusivas, da escola promover a inclusão. Precisamos atentar para o fato de que uma modalidade de ensino e um projeto de governo são propostas distintas, mesmo que, nesse caso, possuam objetivos em comum. Conforme previsão da Política Nacional de Educação Especial:

> Na perspectiva da educação inclusiva, a educação especial passa a constituir a proposta pedagógica da escola, definindo como seu público-alvo os alunos com deficiência, transtornos globais de desenvolvimento e altas habilidades/superdotação. Nesses casos e em outros, que implicam transtornos funcionais específicos, a educação especial atua de forma articulada com o ensino comum, orientando para o atendimento às necessidades educacionais especiais desses alunos. (Brasil, 2008a, p. 15).

Na proposta de escola inclusiva vemos uma universalização do ensino, ou como aponta Poker *et al.* (2013), uma aprendizagem para todos, independentemente de serem público-alvo da Educação Especial ou não. A Educação Especial faz parte dessa proposta inclusiva, mas a escola inclusiva desses programas busca uma inclusão que vá além do público-alvo da Educação

Especial. Objetiva, portanto, que a escola seja acessível para todos, que todos possam nela chegar, estar e aprender. Heredero (2010) traz os princípios de uma escola inclusiva:

> - A inclusão é um direito;
> - A educação deve discriminar positivamente;
> - Importância do aluno e sua singularidade;
> - Trabalho para conseguir uma nova escola: conceito, alunado, pais, comunidade;
> - Utilização de metodologias que usem a interdisciplinaridade;
> - Procura de uma escola de qualidade;
> - Melhora do clima institucional;
> - Trabalho e ensino em equipe. (Heredero, 2010, p. 195).

Na busca pela implementação da Educação Especial e ampliação da proposta de educação inclusiva diversos programas ministeriais foram criados. Houve um conjunto articulado de ações, envolvendo formação continuada de professores, assistência social, acessibilidade, ampliação do acesso ao ensino superior e implementação de serviços de apoio. Baptista (2019) destaca dois programas como os que tiveram maior importância estrutural e abrangência, além da formação e sensibilização, Programa Educação Inclusiva: Direito à Diversidade; e Programa de Implantação de Salas de Recursos Multifuncionais. Na visão de Jannuzzi (2004), as alterações na legislação e as campanhas tiveram manifestações positivas, mostrando a tentativa dos envolvidos em fazer justiça a um segmento marginalizado por muito tempo. Pondera, no entanto, que poucos foram atingidos e que a transformação social que se buscava não foi alcançada.

Neste livro, trato da Educação Especial enquanto modalidade transversal de ensino que está contemplada pelas propostas de educação inclusiva dos programas de governo citados ao longo do texto. E, de forma mais específica, o programa de implantação de salas de recursos multifuncionais que objetivou apoiar os sistemas de ensino na organização e oferta do Atendimento Educacional Especializado (AEE).

2

EDUCAÇÃO ESPECIAL, ATENDIMENTO EDUCACIONAL ESPECIALIZADO E SALA DE RECURSOS MULTIFUNCIONAL: DO QUE ESTAMOS FALANDO?

No conjunto de aspectos que permeiam a Educação Especial várias atividades e espaços passam a ser estipulados. Há de se diferenciar e conceituar esses movimentos para que se busque compreender o que os documentos legais e os autores que fundamentam esta obra apontam como área e atuação da Educação Especial.

Temos, a partir da Constituição Federal, no Art. 208, inciso III que o Estado efetivará seu dever com a educação mediante a garantia de atendimento educacional especializado aos portadores de deficiência, indicando a oferta desse preferencialmente na rede regular de ensino. Desde então, o significado do conceito de AEE vem sendo paulatinamente construído (Mendes; Malheiro, 2012), para uma compreensão acerca da área de atuação, possibilidades e desafios considero premente compreender as nomenclaturas e suas especificidades no contexto da Educação Especial.

Não há na Carta Magna referência à Educação Especial ou à sala de recursos multifuncionais. Pode-se, no entanto, observar a partir da redação da Emenda Constitucional nº 65, de 2010 que altera o Art. 227, que há indicação de criação de programas de prevenção e atendimento especializado:

> II - criação de programas de prevenção e atendimento especializado para as pessoas portadoras de deficiência física, sensorial ou mental, bem como de integração social do adolescente e do jovem portador de deficiência, mediante o treinamento para o trabalho e a convivência, e a facilitação do acesso aos bens e serviços coletivos, com a eliminação de obstáculos arquitetônicos e de todas as formas de discriminação. (Redação dada Pela Emenda Constitucional nº 65, de 2010). (Brasil, 1988, s/p).

Esses programas aos quais se refere o Art. 227 fazem parte do conjunto de ações da Educação Especial. Cabe, portanto, definir a Educação Especial e então buscar compreender o que a Constituição Federal traz como atendimento especializado. Na busca por essa definição, Mendes, Tannús-Valadão e Milanesi (2016) apontam que o Brasil, no final da década de 1990, entrou num amplo debate sobre a inclusão escolar. Indicam, ainda, que há, nesse período, a criação de dispositivos legais e orientações políticas para que a escolarização da população alvo da Educação Especial passasse a ser garantida nas escolas regulares, com apoio do atendimento educacional especializado.

Havia, até então, um conjunto de ações e propostas, principalmente do setor privado, ofertando atendimento educacional especializado em instituições especializadas, desvinculadas do ensino regular (Mendes; Malheiro, 2012). A Educação Especial esteve organizada como atendimento educacional especializado, substitutivo ao ensino regular, das classes comuns, "evidenciando diferentes compreensões, terminologias e modalidades que levaram à criação de instituições especializadas, escolas especiais e classes especiais" (Brasil, 2015, p. 26).

A Lei de Diretrizes e Bases da Educação Brasileira, Lei n° 9394 de 20 de dezembro de 1996, no capítulo V da Educação Especial, no Art. 58 traz a definição de Educação Especial como: "a modalidade de educação escolar, oferecida preferencialmente na rede regular de ensino, para educandos portadores de necessidades especiais". A Educação Especial é, portanto, uma modalidade de ensino, a indicação de oferta preferencial na rede regular aponta para atendimentos educacionais especializados que ocorrem dentro do espaço da escola regular (Mendes; Malheiro, 2012).

Na busca por definir as nomenclaturas e espaços de atuação temos que a Educação Especial como modalidade de ensino da Educação Básica perpassa todos os níveis, modalidades e etapas, sendo responsável pelo atendimento educacional especializado, disponibilização de recursos e serviços[4], além da orientação quanto à utilização desses nos processos de ensino e aprendizagem no ensino regular (Brasil, 2015).

---

[4] Conforme as Diretrizes Operacionais da Educação Especial para o Atendimento Educacional Especializado na Educação Básica "Consideram-se serviços e recursos da educação especial àqueles que asseguram condições de acesso ao currículo por meio da promoção da acessibilidade aos materiais didáticos, aos espaços e equipamentos, aos sistemas de comunicação e informação e ao conjunto das atividades escolares." (Brasil, 2008a, p. 1).

> Desde 2018, por meio da Lei nº 13.632, de 2018, foi estabelecido que a oferta de educação especial tem início na educação infantil e estende-se ao longo da vida, conforme o inciso III do art. 4º e o parágrafo único do art. 60 (Brasil, 2020a, p. 36)[5].

A partir da definição de que a Educação Especial, como modalidade de ensino, é efetivada por meio do Atendimento Educacional Especializado, ou, ainda, conforme a Nota Técnica nº 123/2013,

> [...] a educação especial é uma modalidade de ensino transversal aos níveis, etapas e modalidades, que disponibiliza recursos e serviços e realiza o atendimento educacional especializado, de forma complementar ou suplementar à escolarização.

Esse atendimento educacional especializado "será feito em classes, escolas ou serviços especializados, sempre que, em função das condições específicas dos alunos, não for possível a sua integração nas classes comuns de ensino regular" (Brasil, 1996).

Essa proposta de Educação Especial passa a sofrer algumas alterações a partir de 2003, com a implementação de estratégias para a disseminação de referenciais da educação inclusiva (Brasil, 2015). A inclusão escolar foi vista e praticada por muito tempo como um sistema paralelo, muitas vezes voltado para aspectos da socialização, reabilitação e de cuidados, falhando nos aspectos de escolarização (Mendes; Tannús-Valadão; Milanesi, 2016).

O processo de inclusão, trazido pela educação inclusiva, fez emergir novas questões "sobre como os professores devem ensinar respondendo as especificidades desses alunos nas salas comuns e no Atendimento Educacional Especializado (AEE)" (Mendes; Tannús-Valadão; Milanesi, 2016, p. 50). Na busca por esse viés de Educação Inclusiva institui-se o Programa Educação Inclusiva: direito à diversidade, que promove um amplo processo de formação de gestores e educadores (Brasil, 2015). Em 2008, o MEC publica a Política Nacional de Educação Especial na Perspectiva da Educação Inclusiva. Esta política:

> [...] instaura um novo marco teórico e organizacional na educação brasileira, **definindo a educação especial como modalidade não substitutiva à escolarização**; o conceito de atendimento educacional especializado complementar ou suplementar à formação dos estudantes; e o público-alvo da educação especial constituído

---

[5] Utilizo nesta obra a cartilha da Política Nacional de Educação Especial Equitativa, inclusiva e com aprendizado ao longo da vida (Brasil, 2020a), publicada pela Secretaria de Modalidades Especializadas de Educação por se tratar de um documento que esteve vigente durante a pesquisa documental que culminou no texto apresentado aqui neste livro.

pelos estudantes com deficiência, transtornos globais do desenvolvimento e altas habilidades/superdotação. (Brasil, 2015, p. 12, grifo nosso).

Pelo viés da política de Educação Especial, na perspectiva da educação inclusiva, a escola regular torna-se inclusiva a partir do momento que reconhece as diferenças dos estudantes, mas passa a buscar a participação de todos (Ropoli *et al.*, 2010). Escolas regulares inclusivas são entendidas como "instituições de ensino que oferecem atendimento educacional especializado aos educandos da educação especial em classes regulares, classes especializadas ou salas de recursos" (Brasil, 2020b, p. 2).

A escola, na perspectiva dessa política, terá professores que buscam despertar e desenvolver competências, propondo conteúdos compatíveis com as experiências vivenciadas pelos estudantes, para que esses possam atribuir significado aos conteúdos, e tenham participação ativa nesse processo (Poker *et al.* 2013). Para Ropoli *et al.* (2010), a adoção das novas práticas da política de educação inclusiva pressupõe de atualização e desenvolvimento de novos conceitos, bem como a redefinição e aplicação de propostas pedagógicas compatíveis com a inclusão de todos os estudantes. Para Poker *et al.* (2013, p. 17), a maior alteração e o maior desafio da proposta dessa política acabam por afetar o papel do professor.

> O papel do professor, numa escola que se pauta nos princípios de uma Educação Inclusiva, é de facilitador no processo de busca de conhecimento que parte do aluno. Ele é quem organiza situações de aprendizagem adequadas às diferentes condições e competências, oferecendo oportunidade de desenvolvimento pleno para todos os alunos. (Poker *et al.*, 2013, p. 17).

No viés da educação inclusiva, a escola passa a ser um espaço de todos, para todos, os educadores buscarão estratégias e formas de ensinar os estudantes do ensino regular e os estudantes público-alvo da Educação Especial (Ropoli *et al.*, 2010). No viés da escola inclusiva são oferecidas todas as condições para o pleno desenvolvimento e acesso ao currículo (Poker *et al.*, 2013). "Nas escolas inclusivas, ninguém se conforma a padrões que identificam os alunos como especiais e normais, comuns. Todos se igualam pelas suas diferenças!" (Ropoli *et al.*, 2010, p. 8).

A política de educação inclusiva traz para o professor do ensino regular a obrigatoriedade de atender às especificidades de todos os estudantes (Mendes; Malheiro, 2012). Pois, até então, na proposta de Educação Especial, e historicamente, os estudantes público-alvo da Educação Especial eram atendidos por profissionais especializados, o que, de certa forma, confortava os professores do ensino regular (Mantoan, 2003). Até então, muitos deles acabavam por não depreender esforços adicionais para a escolarização dos estudantes com deficiência, transtornos globais do desenvolvimento e altas habilidades ou superdotação, visto que esses já recebiam atendimentos adicionais com os profissionais especializados do atendimento educacional especializado (Mantoan, 2003).

Com as propostas de políticas de educação inclusiva, os "inclusos" passam a ser vistos e educados por todos, em todos os contextos da escola (Mendes; Malheiro, 2012). Torna-se fundamental o compartilhamento de propostas e estratégias entre professores das classes regulares e dos profissionais especialistas do atendimento educacional especializado (Braun; Vianna, 2010). O atendimento educacional especializado constitui-se como parte do contexto da escola inclusiva, passa a ser necessário, conforme Lunardi-Lazzarin; Hermes (2013, p. 184):

> O AEE constitui-se na escola inclusiva, na medida em que as conhecidas modalidades de atendimento da Educação Especial recuam. Não se trata apenas de destinar um espaço-tempo para a Educação Especial e outro para a educação regular. Os sujeitos do desvio estão na escola regular porque junto deles e por eles está o AEE. De forma alguma queremos dizer que as modalidades próprias da Educação Especial desapareçam. Elas continuam lá, mas para orientar e sustentar os propósitos das práticas inclusivas está o AEE. Com isso, recursos de acessibilidade e pedagógicos são montados para gerir os processos de aprendizagem e desenvolvimento dos sujeitos do desvio. Nesses, especificamente, naquilo que denominamos de pedagógico, estão os docentes. (Lazzarin; Hermes, 2013, p. 184).

Em 2020, com a publicação da Política Nacional de Educação Especial: Equitativa, Inclusiva e com Aprendizado ao Longo da Vida (Brasil, 2020b), novos conceitos passam a fazer parte desse viés de Educação Especial inclusiva. Temos a definição da política educacional inclusiva como sendo o

> conjunto de medidas planejadas e implementadas com vistas a orientar as práticas necessárias para desenvolver, facilitar o desenvolvimento, supervisionar a efetividade e reorientar, sempre que necessário, as estratégias, os procedimentos, as ações, os recursos e os serviços que promovem a inclusão social, intelectual, profissional, política e os demais aspectos da vida humana, da cidadania e da cultura, o que envolve não apenas as demandas do educando, mas, igualmente, suas

potencialidades, suas habilidades e seus talentos, e resulta em benefício para a sociedade como um todo. (Brasil, 2020b, p. 1).

Nesse mesmo documento (Brasil, 2020b, p. 1) temos a definição de Educação Especial como: "modalidade de educação escolar oferecida, preferencialmente, na rede regular de ensino aos educandos com deficiência, transtornos globais do desenvolvimento e altas habilidades ou superdotação" (Brasil, 2020b, p. 1). Mantém-se, portanto, o conceito de Educação Especial como modalidade de ensino, assim como o público-alvo da Educação Especial. Não há alteração nos espaços de oferta, mantendo a rede regular de ensino como espaço preferencial para a oferta dessa modalidade.

A partir do conjunto de ações, espaços e atividades da Educação Especial organiza-se o atendimento educacional especializado, como sendo um serviço dentro da Educação Especial. O termo AEE remonta aos atendimentos prestados pelo Instituto Pestalozzi, em 1945, e como já apontado, é a terminologia utilizada na Constituição Federal de 1988. Esse é caracterizado na Nota Técnica nº 123/2013 como

> [...] conjunto de atividades e recursos pedagógicos e de acessibilidade, organizados institucionalmente, prestado de forma complementar ou suplementar à formação dos estudantes público-alvo da Educação Especial, matriculados no ensino regular.

Atualmente, são considerados serviços e recursos da Educação Especial os centros de apoio às pessoas com deficiência visual; centros de atendimento educacional especializado aos educandos com deficiência intelectual, mental e transtornos globais do desenvolvimento; centros de atendimento educacional especializado aos educandos com deficiência físico-motora; centros de atendimento educacional especializado; centros de atividades de altas habilidades e superdotação; centros de capacitação de profissionais da educação e de atendimento às pessoas com surdez; classes bilíngues de surdos; classes especializadas; escolas bilíngues de surdos; escolas especializadas; escolas-polo de atendimento educacional especializado; materiais didático-pedagógicos adequados e acessíveis ao público-alvo da Educação Especial; núcleos de acessibilidade; salas de recursos; serviços de atendimento educacional especializado para crianças de 0 a 3 anos; serviços de atendimento educacional especializado; e tecnologia assistiva (Brasil, 2020b).

Em resumo, a terminologia do atendimento educacional especializado, a partir de sua definição nos documentos oficiais, está caracterizada como "um serviço destinado aos alunos com algum tipo de deficiência e incluídos na rede regular de ensino" (Mendes; Pletsch; Hostins, 2019, p. 12), podendo ser realizado em "salas de recursos específicas ou multifuncionais, em classes e escolas regulares inclusivas, em classes e escolas especializadas ou em classes e escolas bilíngues" (Brasil, 2020a, p. 78). A Nota Técnica nº 13/2009 traz que os ambientes educacionais especializados se organizaram com foco clínico, baseados na deficiência, no déficit ou problema, sem uma ênfase específica nos aspectos pedagógicos. Aponta, ainda, a redução ou eliminação de objetivos e conteúdos acadêmicos, assim como a diminuição de carga horária, alteração do fluxo escolar com promoção e certificação (Brasil, 2009).

Na política nacional de Educação Especial temos que esse serviço busca promover a acessibilidade ao currículo considerando singularidades e especificidades dos estudantes público-alvo da Educação Especial (Brasil, 2020a). Nas Diretrizes Operacionais da Educação Especial para o atendimento educacional especializado na Educação Básica temos que o AEE tem como função a identificação, a elaboração e a organização de recursos pedagógicos e de acessibilidade que busquem a eliminação de barreiras para a plena participação dos estudantes com deficiência, transtornos globais do desenvolvimento, altas habilidades e superdotação (Brasil, 2008a). Para Poker *et al.* (2013, p. 19), o AEE, "na perspectiva da Educação Inclusiva, assume um caráter exclusivamente de suporte e apoio à educação regular, por meio do atendimento à escola, ao professor da classe regular e ao aluno".

O AEE possui uma gama de serviços que são ofertados aos estudantes público-alvo da Educação Especial, nos distintos espaços em que se realizam esses atendimentos. A política nacional de Educação Especial (Brasil, 2020a) define os serviços do atendimento educacional especializado, sendo eles:

> Ensino do Sistema Braille;
> Ensino das técnicas de cálculo no Soroban;
> Ensino das técnicas de orientação e mobilidade;
> Ensino do uso de recursos ópticos e não ópticos para educandos cegos ou com baixa visão;
> Comunicação alternativa e aumentativa – CAA;
> Tecnologia assistiva;
> Informática acessível;
> Programas de enriquecimento curricular para educandos com altas habilidades ou superdotação;
> Estratégias para o desenvolvimento de processos cognitivos; e
> Serviço de atendimento educacional especializado aos educandos surdos, com deficiência auditiva ou surdo cegos, que não optam pela educação bilíngue. (Brasil, 2020a, p. 76).

Percebe-se, portanto, a partir dos serviços prestados pelo AEE, que as atividades do atendimento educacional especializado se diferem daquelas realizadas nas turmas regulares da Educação Básica. É importante frisar que essas atividades não são substitutivas à escolarização (Brasil, 2015). Essas atividades visam ao desenvolvimento de "habilidades cognitivas, socioafetivas, psicomotoras, comunicacionais, linguísticas, identitárias e culturais dos estudantes, considerando suas singularidades" (Brasil, 2020a, p. 10). Para Linhares (2016), os dispositivos legais reconhecem e asseguram o atendimento educacional especializado para os estudantes público-alvo da Educação Especial.

Para Mendes (2010), a definição de oferta de AEE da Constituição Federal trouxe a descentralização administrativa e de recursos financeiros, fazendo com que estados e municípios passassem de meros espectadores para atores do processo de inclusão. Com base nas deliberações da Conferência Nacional de Educação — Conae/2010, a Lei nº 13.005/2014, que institui o Plano Nacional de Educação — PNE, no inciso III, parágrafo 1º, do artigo 8º, determina que os Estados, o Distrito Federal e os Municípios garantam o atendimento educacional especializado. Com o Decreto nº 7611/2011, que institui a política pública de financiamento no âmbito do Fundo de Manutenção e Desenvolvimento da Educação Básica e de Valorização dos Profissionais da Educação (Fundeb), os estabelecimentos de ensino passam a computar matrícula dupla para os estudantes público-alvo da Educação Especial devidamente cadastrados no Censo Escolar da Educação Básica.

Para Braun e Vianna (2010), com a possibilidade de destinação de recursos específicos para a Educação Especial a visibilidade e importância do atendimento educacional especializado se alteram. Apontam que as instituições de ensino passaram a ter interesse em ofertar o AEE e receber matrículas de estudantes com deficiência, transtorno global do desenvolvimento e altas habilidades e superdotação. A partir das alterações da legislação e da proposta de Educação Especial inclusiva, o papel do atendimento educacional especializado na Educação Básica, mais especificamente no ensino regular, passa a ser representado pela sala de recursos (Mendes; Malheiro, 2012).

A Resolução CNE/CEB nº 02/2001, que institui Diretrizes Nacionais para Educação Especial na Educação Básica, prevê que as escolas da rede regular de ensino ofereçam serviços de apoio pedagógico especializado em salas de recursos. Essa resolução, com base na pesquisa documental desenvolvida, é um dos primeiros documentos a referir-se especificamente a esse tipo de serviço, observe-se que o termo utilizado foi somente sala de recursos.

No ano de 2006, as autoras Denise de Oliveira Alves, Marlene de Oliveira Gotti, Claudia Maffini Griboski e Claudia Pereira Dutra publicam a cartilha "Sala de recursos multifuncionais: espaços para atendimento educacional especializado". Nela, definem a denominação da SRM.

> A denominação sala de recursos multifuncionais se refere ao entendimento de que esse espaço pode ser utilizado para o atendimento das diversas necessidades educacionais especiais e para desenvolvimento das diferentes complementações ou suplementações curriculares. Uma mesma sala de recursos, organizada com diferentes equipamentos e materiais, pode atender, conforme cronograma e horários, alunos com deficiência, altas habilidades/superdotação, dislexia, hiperatividade, déficit de atenção ou outras necessidades educacionais especiais. (Alves et al., 2006, p. 14).

A Portaria Ministerial SEESP/MEC nº 13/2007 marcou o processo de implantação das SRM nas escolas regulares. Nela definiu-se a SRM como espaço organizado dotado de equipamentos de informática, com materiais pedagógicos, mobiliário adaptado e ajuda técnica para atender às necessidades especiais dos estudantes. Além disso, houve a definição de critérios de aquisição para as redes de ensino (Mendes; Pletsch; Hostins, 2019).

A partir dessa portaria, a nomenclatura de sala de recursos multifuncionais fica estabelecida. Com a alteração da nomenclatura, adicionando o termo "multifuncionais" os professores especialistas passam a compreender que o foco de ensino nesse espaço deve se dar com o uso de recursos (Mendes; Tannús-Valadão; Milanesi, 2016). Para Xavier e Bridi (2019), a terminologia "multifuncional" não se aplica pela diversidade das deficiências dos estudantes, mas sim pela pluralidade dos atendimentos, abrangendo distintas práticas para além do atendimento individualizado do estudante público-alvo da Educação Especial. Já para Alves et al. (2006, p. 14), a sala de recursos é multifuncional "em virtude de a sua constituição ser flexível para promover os diversos tipos de acessibilidade ao currículo, de acordo com as necessidades de cada contexto educacional". Braun e Vianna (2010, p. 28) caracterizam que a sala de recursos "é multifuncional diante das suas possibilidades de intervenção, assim como precisa ser 'multi' a equipe que proverá e organizará os recursos que nela forem construídos, usados, dependendo das demandas dos alunos para ela direcionados". Da mesma forma, Melo (2010, p. 58) traz que a denominação multifuncional se deve "pelo fato de agregar em sua organização espacial, materiais, equipamentos e profissionais com formação para o atendimento a ser disponibilizado aos alunos".

Nesse sentido, a política nacional de Educação Especial (Brasil, 2020a) define que uma sala de recursos é definida como multifuncional quando atende estudantes com deficiência, transtornos globais do desenvolvimento e altas habilidades ou superdotação. Apontando, contrariamente ao que os autores apontados anteriormente indicaram, de que a nomenclatura está definida pela multiplicidade de atendimentos e propostas ofertadas, a definição da PNEE (Brasil, 2020a) volta-se para a multiplicidade de deficiências.

A política nacional de Educação Especial (Brasil, 2020a) define ainda a terminologia de sala de recursos específica para definir aquelas que realizam atendimentos para surdos, deficientes auditivos e surdo-cegos, ou seja, são salas de recursos específicas aquelas que proporcionam atendimentos bilíngues com Língua Brasileira de Sinais (Libras).

Para Macedo, Carvalho e Pletsch (2010) houve um foco muito grande na oferta de AEE na Educação Básica, devido, em grande parte, à Resolução nº 04/2009, que define que o atendimento educacional especializado deverá ser oferecido prioritariamente em sala de recursos multifuncionais na própria instituição de ensino em que o estudante público-alvo da Educação Especial está matriculado. Para Baptista (2019), a valorização das salas de recursos, deu-se por esse espaço ser associado ao trabalho de atendimento especializado, que deveria complementar ou suplementar a escolarização, não mais substituir, como acontecia com as classes especiais e escolas especializadas.

Temos, pois, que a sala de recursos multifuncionais é o espaço da escola regular onde ocorre o atendimento educacional especializado para estudantes com deficiência, transtornos globais do desenvolvimento e altas habilidades ou superdotação, "por meio do desenvolvimento de estratégias de aprendizagem, centradas em um novo fazer pedagógico que favoreça a construção de conhecimentos pelos alunos, subsidiando-os para que desenvolvam o currículo e participem da vida escolar" (Alves *et al.*, 2006, p. 13). Conforme a política nacional de Educação Especial (Brasil, 2020a), as salas de recursos são:

> [...] espaços organizados nas escolas de educação básica, centros de atendimento educacional especializado ou nas instituições conveniadas, com profissionais qualificados,

materiais didático-pedagógicos próprios e em formatos acessíveis, equipamentos e recursos de tecnologia assistiva. (Brasil, 2020a, p. 76).

Identifica-se que a partir da política nacional de Educação Especial (Brasil, 2020a) o viés do atendimento educacional especializado volta a ter as instituições, centros especializados além da sala de recursos da Educação Básica como espaços de promoção da Educação Especial. Em vista disso, opto, neste livro, pela utilização da nomenclatura de salas de recursos multifuncionais, sem distinção de tipo. Não se faz, portanto, no decorrer do texto a distinção sobre a sala de recursos ou a sala de recursos multifuncional. Apresentei aqui um resgate histórico para conceituação da distinção dos termos, visto que há um conjunto variado de nomenclaturas. Busquei apresentar a organização da Educação Especial para uma conceituação do espaço de atuação do professor de Educação Especial que trabalha no atendimento educacional especializado em sala de recursos multifuncional.

Até este ponto viu-se que a Educação Especial é uma modalidade de ensino, nessa modalidade são ofertados atendimentos distintos a estudantes com deficiência, transtornos globais do desenvolvimento e altas habilidades ou superdotação, sendo denominados de atendimentos educacionais especializados. O atendimento educacional especializado pode dar-se em distintos espaços e serviços, sendo a sala de recursos multifuncionais um desses.

O Glossário da Educação Especial (Brasil, 2020c, p. 16) define a sala de recursos multifuncionais como:

> Espaço localizado nas escolas de educação básica em que se realiza o atendimento educacional especializado (AEE). É constituída por equipamentos, mobiliários, recursos de acessibilidade e materiais didático-pedagógicos para atender a escolas com alunos da educação especial. As salas de recursos multifuncionais podem ser implementadas por meio de programa federal ou por recursos próprios dos sistemas de ensino.

O Programa de Implantação de Salas de Recursos Multifuncionais, criado em 2005, foi instituído pela Portaria Ministerial nº 13/2007, no âmbito do Plano de Desenvolvimento da Educação (PDE). Conforme o portal do Ministério da Educação, o referido programa teve como objetivo apoiar a organização e a oferta do Atendimento Educacional Especializado (AEE), prestado de forma complementar ou suplementar aos estudantes com deficiência, transtornos globais do desenvolvimento, altas habilidades/superdotação matriculados em classes comuns do ensino regular, assegurando-lhes condições de acesso, participação e aprendizagem[6]. Para Baptista (2019), o programa introduz uma dinâmica de pacto federativo, entre o governo federal e os gestores locais, pois o governo federal oferece os recursos materiais para a implantação da sala de recursos multifuncionais e os gestores locais (estaduais ou municipais) oferecem o espaço físico e o profissional especializado (Baptista, 2019).

2.1 O PROGRAMA DE IMPLANTAÇÃO DAS SALAS DE RECURSOS MULTIFUNCIONAIS

Para a implantação da sala de recursos multifuncionais o Programa disponibilizou os seguintes recursos de tecnologia assistiva:

> mouse com entrada para acionador;
> mouse estático de esfera;
> acionador de pressão;
> teclado expandido com colmeia;
> lupa eletrônica;
> notebook com diversas aplicações de acessibilidade;
> software para comunicação aumentativa e alternativa;
> esquema corporal;
> sacolão criativo;
> quebra cabeça superpostos — sequência lógica;
> caixa com material dourado;
> tapete alfabético encaixado;
> dominó de associação de ideias;
> memória de numerais;
> alfabeto móvel e sílabas;
> caixa de números em tipo ampliado e em Braille;
> kit de lupas manuais;
> alfabeto Braille;
> dominó tátil;
> memória tátil de desenho geométrico;
> plano inclinado;
> bolas com guizo;
> scanner com voz;
> máquina de escrever em Braille;
> globo terrestre tátil;
> calculadora sonora;

---

[6] Disponível em: http://portal.mec.gov.br/component/tags/tag/35312. Acesso em: 31 jan. 2021.

kit de desenho geométrico;
regletes de mesa;
punções;
soroban;
guias de assinatura;
caixa de números em tipo ampliado e em Braille. (Brasil, 2013, p. 3).

O programa de implantação de SRM ainda previa dois tipos distintos de salas, as SRM do Tipo I, compostas por equipamentos, mobiliários, recursos de acessibilidade e materiais didático/pedagógicos. E as salas do Tipo II, que além dos equipamentos básicos das salas Tipo I, eram acrescidas de recursos e equipamentos específicos para o atendimento de estudantes cegos (Brasil, 2015). Como a pesquisa para a dissertação de mestrado deu-se no município de Venâncio Aires[7], utilizarei os dados dessa para conceituar a evolução e amplitude das SRM. Os dados do Painel de controle do MEC[8], na busca por indicadores do município de Venâncio Aires-RS, indicou a implantação de 21 SRM no município, dessas 19 do Tipo I e 1 do Tipo II, como pode ser visto na Tabela 1.

Tabela 1 – Dados do Painel de controle do MEC para o município de Venâncio Aires

Ano	Kits de atualização		Tipo I		Tipo II		Total	
	Escola(s)	SRM	Escola(s)	SRM	Escola(s)	SRM	Escola(s)	SRM
2008	-	-	5	5	-	-	5	5
2009	-	-	8	8	-	-	8	8
2010	-	-	3	3	1	1	4	4
2011	1	1	3	3	-	-	4	4
Total geral	1	1	19	19	1	1	20	21

Fonte: elaborada pela autora com base nos dados do Painel de controle do MEC

Conforme as Orientações para Implementação da Política de Educação Especial na Perspectiva da Educação Inclusiva (Brasil, 2015), em 2012, o programa alcançou 5.020 municípios (90%), no período de 2005 a 2012, foram disponibilizadas 37.801 salas em escolas públicas de ensino regular com

---

[7] Os professores de SRM participantes da pesquisa atuavam em escolas públicas situadas no território de Venâncio Aires (RS). Para mais detalhes acerca deste município pode-se consultar https://www.ibge.gov.br/cidades-e-estados/rs/venancio-aires.html.

[8] Disponível em: http://painel.mec.gov.br/painel/detalhamentoIndicador/detalhes/pais/acaid/54. Acesso em: 25 jan. 2021.

registro de matrículas de estudantes público-alvo da Educação Especial em classes comuns. A Nota Técnica nº 101/2013 traz que no período de 2011 e 2012 foram adquiridos 1.500 kits de atualização e indica a previsão de aquisição de mais 13.500 novas salas de recursos e mais 13.500 kits de atualização.

A quantidade de SRM implantadas acaba gerando algumas incoerências. A Nota Técnica nº 101/2013 indica que até o ano de 2013 foram contempladas 37.801 escolas, em 5.021 municípios. Os dados do Painel de controle do MEC[9], conforme a Tabela 2, indicam a implantação de 39.301 salas de recursos multifuncionais no período de 2005 a 2011. O Painel não foi atualizado desde então, e não encontrei, no novo sítio do MEC, os dados atualizados.

Tabela 2 – Dados do Painel de controle do MEC com o total de SRM implantado de 2005 a 2011

Ano	Total	
	Escola(s)	Sala(s) de recursos multifuncionais
2005	250	250
2006	376	376
2007	625	625
2008	4.299	4.300
2009	14.997	15.000
2010	3.749	3.750
2011	14.431	15.000
Total Geral	**37.249**	**39.301**

Fonte: elaborada pela autora com base nos dados do Painel de controle do MEC

Na Sinopse Estatística da Educação Básica de 2020 (Inep, 2021), temos um total de 1.308.900 matrículas de alunos com algum tipo de deficiência, transtorno global do desenvolvimento ou altas habilidades/superdotação em Classes Exclusivas (Escolas Exclusivamente Especializadas e/ou em Classes Exclusivas de Ensino Regular e/ou EJA) e de Classes Comuns do Ensino Regular e/ou EJA. O mesmo documento indica o número de 29.565 estabelecimentos que oferecem atendimento educacional especializado, indicando que o município de Venâncio Aires possui 26 desses estabeleci-

---

[9] Disponível em: http://painel.mec.gov.br/painel/detalhamentoIndicador/detalhes/pais/acaid/54. Acesso em: 25 jan. 2021.

mentos. No Resumo Técnico do Censo da Educação Básica do estado do Rio Grande do Sul de 2019, "verifica-se que o percentual de alunos incluídos em classe comum e que têm acesso às turmas de atendimento educacional especializado (AEE) caiu no período, passando de 48,0%, em 2015, para 47,2%, em 2019" (Inep, 2019, p. 41).

Para Ropoli *et al.* (2010), o programa de implantação de SRM atendeu à demanda das escolas públicas que possuíam estudantes público-alvo da Educação Especial matriculados, na época de sua implantação. Um dos aspectos que pode estar a causar a diminuição de estudantes com deficiência, transtornos globais do desenvolvimento e altas habilidades ou superdotação nas turmas de AEE no estado do Rio Grande do Sul é o Parecer nº 56/2006 do Conselho Estadual de Educação que orienta as normas que regulamentam a Educação Especial no Sistema Estadual de Ensino. Nesse parecer há a indicação de dependência de laudo emitido por equipe multidisciplinar para que sejam ofertados atendimentos educacionais especializados. Com essa necessidade de laudo, o estudante terá AEE, em sala de recursos multifuncionais ou em escola ou classe especial, apenas após ter realizado a avaliação com equipe multiprofissional ou profissional da área médica que tenha atestado alguma deficiência, transtorno global do desenvolvimento ou altas habilidades/superdotação.

Há ainda as situações em que a escola não possui a SRM, mas possui estudantes público-alvo da Educação Especial matriculados. Nesses casos, a oferta de atendimento em SRM pode ser feita em forma de itinerância ou em uma SRM de outro educandário. O Parecer CEE nº 56/2006, ao orientar a implantação das normas que regulamentam a Educação Especial no estado do Rio Grande do Sul, indica a preferência pela oferta de AEE no âmbito da própria escola, mas prevendo a extensão a estudantes de escolas próximas que não dispunham desse atendimento.

Para Ropoli *et al.* (2010, p. 21), "o AEE, quando realizado em outra instituição, deve ser acordado com a família do aluno, e o transporte, se necessário, providenciado". Para esses autores, o principal motivo para que o estudante público-alvo da Educação Especial seja atendido na SRM de sua escola regular está na possibilidade de que suas necessidades educacionais específicas possam ser atendidas e frequentemente discutidas pelos seus professores (Ropoli *et al.*, 2010).

Com a definição de que o atendimento na SRM não é substitutivo ao ensino regular, os atendimentos são realizados em turno oposto ao ensino regular (Braun; Vianna, 2010). A Resolução nº 04/2009, no seu Art. 5°, traz que o AEE é realizado prioritariamente na SRM da própria instituição, no turno inverso da escolarização. Conforme o Parecer do CEE nº 56/2006, esses atendimentos podem se dar de forma individual ou em pequenos grupos.

Com relação à carga horária dos atendimentos na SRM, a Nota Técnica nº 13/2009 afirma que essa deve ser estabelecida sob a responsabilidade da escola, atendendo às necessidades específicas de cada estudante. Essa definição mostra-se importante, pois a Educação Especial, por mais que seja uma modalidade de ensino, não é substitutiva do ensino regular. O estudante público-alvo da Educação Especial frequentará a classe regular e a sala de recursos multifuncionais, tendo dois espaços distintos de estudo. "Há professores e até escolas que interpretam que a turma regular é só para o aluno 'socializar' e a sala de recursos é o lugar onde ele vai aprender de fato" (Braun; Vianna, 2010, p. 28).

O atendimento que o público-alvo da Educação Especial recebe na SRM, no contraturno ao da classe regular, objetiva proporcionar um trabalho complementar específico (Poker *et al.*, 2013). As atividades desenvolvidas na SRM diferenciam-se daquelas realizadas na sala comum, visam à complementação e/ou suplementação, com vistas à autonomia e à independência do estudante público-alvo da Educação Especial (Brasil, 2019). Ali é ofertado um

> [...] trabalho complementar específico, para que possam superar e/ou compensar as limitações causadas pelos seus comprometimentos sensoriais, físicos, intelectuais ou comportamentais, desenvolvendo e explorando ao máximo suas competências e habilidades. (Poker *et al.*, 2013, p. 20).

A Nota Técnica nº 06/2011 traz que o atendimento educacional especializado não se confunde com atividades de reforço escolar. Nas Diretrizes Curriculares Nacionais da Educação Básica (Brasil, 2013, p. 42) temos que "o objetivo deste atendimento é identificar habilidades e necessidades dos estudantes, organizar recursos de acessibilidade e realizar atividades pedagógicas específicas que promovam seu acesso ao currículo". Para Mendes, Tannús-Valadão e Milanesi (2016), os documentos orientadores das SRM reforçam a ideia de que os atendimentos não possuem o objetivo de trabalhar conteúdos curriculares, mas sim habilidades necessárias para acessar o currículo. Macedo, Carvalho e Pletsch (2010) reforçam que o AEE não pode ser confundido com reforço escolar, devendo constituir-se de um conjunto de procedimentos específicos que busquem mediar e auxiliar o processo de apropriação, construção e produção de conhecimentos.

A SRM possui uma proposta de atendimento educacional especializado que é realizado por professor especialista, esses atendimentos possuem um viés distinto das atividades realizadas no ensino regular. O professor da Educação Especial, atuando em SRM, fará uso de materiais variados para desenvolver as habilidades dos estudantes. "O principal diferencial da sala de recursos refere-se ao apoio pedagógico de caráter complementar. Nela, alunos e alunas são estimulados(as) em suas funções cognitivas e na aquisição de habilidades básicas para o acesso ao currículo regular" (Melo, 2010, p. 61). "As habilidades desenvolvidas pelo aluno com deficiência nas salas multifuncionais são imprescindíveis para garantir o acesso ao currículo da classe regular" (Poker *et al.*, 2013, p. 19). O trabalho na SRM deve estar desvinculado das necessidades típicas da produção acadêmica, a aprendizagem focada em conteúdos limita o trabalho do professor da SRM (Melo, 2010).

Conforme o Censo Escolar de 2019 (Brasil, 2020, p. 14), os tipos de atividades de atendimento educacional especializado coletados são:

> Desenvolvimento de funções cognitivas
> Organização de estratégias que visam ao desenvolvimento da autonomia e à independência do aluno [...]
> Desenvolvimento de vida autônoma
> Desenvolvimento de atividades, realizadas ou não com o apoio de recursos de tecnologia assistiva (TA) [...]
> Enriquecimento curricular [...]
> Ensino da informática acessível [...]
> Ensino da Língua Brasileira de Sinais (Libras) [...]
> Ensino da Língua Portuguesa como segunda Língua [...]
> Ensino das técnicas de cálculo no Soroban [...]
> Ensino do Sistema Braille [...]
> Ensino de técnicas de orientação e mobilidade [...]
> Ensino do uso da comunicação alternativa e aumentativa (CAA) [...]
> Ensino do uso de recursos ópticos e não ópticos [...]. (Brasil, 2020, p. 14).

Para Mantoan (2003), o atendimento educacional especializado realizado em salas de recursos multifuncionais difere daquele realizado em clínicas ou centros de AEE, pois o treino das funções cognitivas não tem um fim em si mesmo nas classes regulares. Para a autora, a atualização das habilidades intelectuais alternativas dos estudantes público-alvo da Educação Especial decorre de práticas que os mobilizem a pensar, a descobrir, a criar para alcançar seus objetivos.

Em resumo, a Educação Especial como modalidade de ensino oferta o atendimento educacional especializado, podendo esse atendimento dar-se em salas de recursos multifuncionais ou em outros espaços clínicos e terapêuticos. Esses atendimentos educacionais especializados são proporcionados por professores especialistas aos estudantes público-alvo da Educação Especial.

2.2 A QUEM SE DESTINA A EDUCAÇÃO ESPECIAL?

Ao longo deste livro utilizei distintas nomenclaturas para indicar o sujeito da Educação Especial, em alguns trechos fiz uso da expressão utilizada na legislação, ou cunhada pelo referido autor que estava a citar, mas considero relevante analisar os pormenores da nomenclatura. As palavras, sejam ditas, sejam escritas, possuem um significado cultural e indicam a visão e o posicionamento dos sujeitos, assim como da sociedade naquele espaço de tempo. Destino este subcapítulo para a conceituação e caracterização histórica dos sujeitos que são o público-alvo da Educação Especial.

Inicio com a análise e a compreensão do termo deficiência, visto que esse foi um dos mais utilizados na legislação e em documentos oficiais. A partir da visão de Oliveira (2010, p. 12), essa é entendida como "a expressão de limitações no funcionamento individual dentro de um contexto social. Portanto, não é fixada nem dicotomizada. Ela é fluida, contínua e mutável e, além disso, é possível reduzir a deficiência através de intervenções, serviços ou apoios".

No entanto, na busca por ampliar a visão do conceito de deficiência, temos, segundo a Organização Mundial de Saúde (OMS), que deficiências "são problemas nas funções ou nas estruturas do corpo, tais como, um desvio importante ou uma perda" (Organização Mundial de Saúde, 2003, p. 4). A partir da publicação da Classificação Internacional de Funcionalidade, Incapacidade e Saúde (CIF) pela OMS em 2001, a deficiência passa a ter uma visão mais completa, não somente no aspecto do diagnóstico, mas também da influência e das experiências sociais e políticas dessas pessoas (Garghetti; Medeiros; Nuernberg, 2013).

Segundo a cartilha da Convenção sobre os direitos das pessoas com deficiência,

> Pessoas com deficiência são aquelas que têm impedimentos de longo prazo de natureza física, mental, intelectual ou sensorial, os quais, em interação com diversas barreiras, podem obstruir sua participação plena e efetiva na sociedade em igualdades de condições com as demais pessoas. (Ministério Público do Trabalho, 2014, p. 22).

Historicamente, a pessoa com deficiência foi identificada e classificada por inúmeras nomenclaturas, "elas eram descritas como aleijadas, surdas, cegas, loucas, débeis, etc." (Maciel, 2020, p. 66). Assim como a compreensão, o estudo das deficiências foi se transformando e se ampliando. Conforme Jannuzzi (2004), o senso comum, com relação às nomenclaturas destinadas aos deficientes foi evoluindo no decorrer da evolução da sociedade, o olhar para os diferentes foi se ampliando progressivamente.

Édouard Séguin, em 1837, revoluciona a Educação Especial ao descrever as categorias da loucura como idiotia, imbecilidade e debilidade, caracterizando-as como quadros diferentes com causas orgânicas, ambientais ou psicológicas (Garghetti; Medeiros; Nuernberg, 2013). Loucura era o termo empregado pelos médicos da época para a deficiência mental, ainda sem uma real preocupação com as especificidades, funcionalidades ou educação da pessoa por trás do laudo (Tezzari, 2010).

Ao analisar-se a legislação, documentos e publicações da época, podem ser encontrados diferentes termos utilizados para descrever e identificar as pessoas com deficiência. No Quadro 2 apontam-se alguns termos comumente encontrados e os períodos nos quais foram utilizados.

Quadro 2 – Principais termos de referência a pessoas com deficiência

TERMO	PERÍODO
Loucos, vagabundos, delinquentes	Séc. XIX
Loucos, incapazes, idiotas	Séc. XVII
Idiotia, imbecilidade, debilidade	Conceitos criados por Séguin
Débeis mentais	1904
Inválidos	Meados do séc. XX
Retardados de inteligência, instáveis ou contumazes, supernormais, anormais	1910
Retardados	1917

TERMO	PERÍODO
Retardados de inteligência, instáveis ou contumazes, mistos	Década de 20, Norberto de Souza Pinto classificou os deficientes em 3 grupos
Imperfeições e desvios do desenvolvimento intelectual, inteligência pouco desenvolvida, anormais, criança estúpida	1927
Débil de espírito, pouco dotado, menos desenvolvido intelectualmente, inteligência débil	1931
Incapacitados	1920 e 1960
Retardado mental	1946
Excepcionais	Década de 50
Defeituosos	1960 e 1980
Pessoas deficientes	1981 e 1987
Pessoas portadoras de deficiência	1988 e 1993
Pessoas com necessidades especiais	O Art. 5 da resolução CNE/CEB nº 2/01
Pessoas com deficiência	De 1990 até hoje
Mulheres e homens com diversidade funcional	Futuro

Fonte: Jannuzzi (2004); Mendes (2010); Baptista (2019); Maciel (2020); Salaberry (2007); Poker *et al.* (2013); Heredero (2010); Vilela (2006)

Essa análise permite perceber que as nomenclaturas utilizadas para identificar os deficientes não foram criadas com o intuito de ofensa ou menosprezo, mas como formas de nomear um grupo de pessoas que apresentavam características distintas da maioria da população. A utilização dessas expressões é que terminou por criar estigmas e usos inadequados. No contexto da Educação Especial, principalmente no que tange à sala de recursos multifuncionais, interessa o que está posto nas leis e documentos oficiais que a regulamentam como modalidade de ensino.

As diretrizes operacionais para o atendimento educacional especializado (Brasil, 2009) consideram público-alvo do atendimento educacional especializado os alunos com deficiência, os alunos com transtorno global do desenvolvimento e os alunos com altas habilidade ou superdotação. Nestas Diretrizes, estudantes com deficiência são:

> Aqueles que têm impedimentos de longo prazo de natureza física, intelectual, mental ou sensorial, os quais, em interação com diversas barreiras, podem obstruir sua participação plena e efetiva na sociedade em igualdade de condições com as demais pessoas. (Brasil, 2009, p. 2).

Já os estudantes com transtornos globais do desenvolvimento são:

> [...] aqueles que apresentam um quadro de alterações no desenvolvimento neuropsicomotor, comprometimento nas relações sociais, na comunicação ou estereotipias motoras. Incluem-se nessa definição alunos com autismo clássico, síndrome de Asperger, síndrome de Rett, transtorno desintegrativo da infância (psicoses) e transtornos invasivos sem outra especificação. (Brasil, 2009, p. 2).

Os estudantes com altas habilidades/superdotação são

> [...] aqueles que apresentam um potencial elevado e grande envolvimento com as áreas do conhecimento humano, isoladas ou combinadas: intelectual, acadêmica, liderança, psicomotora, artes e criatividade (Brasil, 2009, p. 2).

Na Resolução nº 04/2001 que define as Diretrizes Curriculares Nacionais Gerais para a Educação Básica, já há a definição desse público-alvo da Educação Especial: "estudantes com deficiência, transtornos globais do desenvolvimento e altas habilidades/superdotação" (Brasil, 2001, p. 10). Essa especificação pode ser vista em diversos documentos como na Lei nº 12.796/2013, no Decreto nº 7.611/2011, entre outros documentos oficiais.

Para Heredero (2010), o conceito de público-alvo da Educação Especial parte da perspectiva educativa, focando a atenção no ato educativo, sem levar em conta exclusivamente a deficiência, mas sim como o estudante se posiciona a partir da sua inserção na escola. Percebe-se que a posição de Heredero parte da visão dos impedimentos apontados pelas Diretrizes. Braun e Vianna (2010) apontam que os caminhos diferentes trilhados pelo público-alvo da Educação Especial suscitam várias questões das escolas. Para esses autores, é importante pensar no fazer pedagógico, na organização, no planejamento das atividades, além da aplicabilidade, funcionalidade, espaços e recursos das escolas (Braun; Vianna, 2010).

Baptista (2019) nomeia essa definição de público-alvo da Educação Especial como tríade. Segundo o autor, essa tríade possibilita um contexto mais definido de estudantes, visto que, para ele, os termos estudantes com necessidades educativas ou educacionais especiais abrem possibilidades para um grupo muito maior de sujeitos.

Macedo, Carvalho e Pletsch (2010) utilizam a seguinte descrição ao apontar os estudantes com necessidades educacionais especiais:

> [...] pessoas que apresentam dificuldades educacionais em decorrência de deficiências física, mental (ou intelectual), sensorial (visual ou auditiva), transtornos globais do desenvolvimento (autismo, síndromes, psicose infantil entre outros) e altas habilidades/superdotação. (Macedo; Carvalho; Pletsch, 2010, p. 34).

Neste livro opto por utilizar a conceituação das Diretrizes Operacionais da Educação Especial para o atendimento educacional especializado na Educação Básica (Brasil, 2008a) que utiliza a denominação de público-alvo da Educação Especial ao se referir aos estudantes com deficiência, transtornos globais do desenvolvimento e altas habilidades ou superdotação. O fato de ter definido uma nomenclatura não isenta a obra e a própria história dos demais termos, optei por um, que considerei mais adequado. Mas, a título de curiosidade, assim como já feito com as distintas nomeações dadas ao longo dos anos para as pessoas com deficiência, no Quadro 3 constam os principais documentos que orientam a Educação Especial e as nomenclaturas que utilizam para descrever o público-alvo dessa modalidade de ensino.

Quadro 3 – Principais documentos que orientam a Educação Especial no Brasil

Ano	Documento	Nomenclatura Utilizada
1917	Livro Hygiene escolar e pedagógica: para uso de médicos, educadores e estabelecimentos de ensino	Anormais
1937	Cartas enviadas por Getúlio Vargas em 1937	Ensino de cegos, surdos, fisicamente anormais, retardados de inteligência e inadaptados morais
1946	Constituição Federal de 1946	Anormais
1961	Lei nº 4.024/61	Excepcionais
1971	Lei nº 5.692/71	Estudantes com deficiências físicas, mentais, os que se encontram em atraso considerável quanto à idade regular de matrícula e os superdotados
1988	Constituição Federal de 1988	Portadores de deficiência
1989	Constituição do estado do Rio Grande do Sul de 3 de outubro de 1989	Portadores de deficiência e os superdotados

Ano	Documento	Nomenclatura Utilizada
1990	Lei nº 8.069/90	Criança e adolescente portadores de Deficiência
1990	Declaração Mundial de Educação para Todos	Pessoas portadoras de deficiências
1994	Declaração de Salamanca	Pessoas com deficiências (no início do documento)
1994	Política Nacional de Educação Especial	Estudantes com deficiência
1996	Lei nº 9.394/96	Educandos com necessidades especiais
1998	Parâmetros Curriculares Nacionais	Alunos com necessidades educacionais especiais
1999	Decreto nº 3.298/1999	Pessoa Portadora de Deficiência
1999	Convenção da Guatemala	Pessoas com deficiência
2000	Lei nº 10.098/2000	Pessoas portadoras de deficiência ou com mobilidade reduzida
2001	Resolução CNE/CEB nº 2/2001	Educandos com necessidades educacionais especiais
2001	Diretrizes Nacionais para a Educação Especial na Educação Básica	Pessoa Portadora de Deficiência
2001	Parecer CNE/CEB nº 17/2001	Alunos com necessidades educacionais especiais
2001	Lei nº 10.172/2001	Estudantes com deficiência, transtornos globais do desenvolvimento e altas habilidades/superdotação
2001	Decreto nº 3.956/2001	Pessoas com deficiência
2002	Resolução CNE/CP nº 1/2002	Estudantes com deficiência, transtornos globais do desenvolvimento e altas habilidades/superdotação
2002	Resolução CEED nº 267, de 10 de abril de 2002	Alunos com necessidades educacionais especiais
2006	Parecer nº 56/2006 Processo CEED nº 40/27.00/05.8	Alunos que apresentem necessidades educacionais especiais
2007	Decreto nº 6.094/2007	Estudantes com deficiência, transtornos globais do desenvolvimento e altas habilidades/superdotação

Ano	Documento	Nomenclatura Utilizada
2008	Decreto Legislativo nº 186/2008	Pessoas com deficiência
2008	Decreto nº 6571/2008	Estudantes com deficiência, transtornos globais do desenvolvimento e altas habilidades/superdotação
2009	Decreto Executivo nº 6949/2009	Pessoas com deficiência
2009	Resolução CNE/CEB, 04/2009	Alunos com deficiência, transtornos globais do desenvolvimento, altas habilidades/superdotação
2010	Resolução CNE/CEB nº 04/2010	Estudantes com deficiência, transtornos globais do desenvolvimento e altas habilidades/superdotação
2010	Decreto nº 7084/2010	Estudantes da educação especial
2011	Decreto nº 7611/2011	Estudantes com deficiência, transtornos globais do desenvolvimento e altas habilidades/superdotação
2012	Lei nº 12.764/2012	Pessoa com Transtorno do Espectro Autista
2014	Lei nº 13.005/2014	Pessoas com deficiência, transtornos globais do desenvolvimento e altas habilidades/superdotação
2014	Nota técnica nº 04/2014/MEC/SECADI/DPEE	Aluno com deficiência, transtornos globais do desenvolvimento ou altas habilidades/superdotação
2014	Lei nº 13.005/2014	Pessoas com deficiência, transtornos globais do desenvolvimento e altas habilidades/superdotação
2015	Lei nº 13.146/2015	Pessoa com deficiência

Fonte: elaborado pela autora

Estamos tratando aqui de um conjunto de 1,3 milhão de estudantes com deficiência, transtornos globais do desenvolvimento e/ou altas habilidades/superdotação matriculados em classes comuns ou em classes especiais exclusivas, segundo o Censo de 2019, apresentando um aumento de 34,4% em relação a 2015 (Brasil, 2020). "Considerando apenas os alunos de 4 a

17 anos da educação especial, verifica-se que o percentual de matrículas de estudantes incluídos em classe comum também vem aumentando [...], passando de 88,4% em 2015 para 92,8% em 2019" (Brasil, 2020, p. 9).

Na Sinopse Estatística da Educação Básica de 2020 (Inep, 2021), temos um total de 1.308.900 matrículas de alunos com algum tipo de deficiência, transtorno global do desenvolvimento ou altas habilidades/superdotação em Classes Exclusivas (Escolas Exclusivamente Especializadas e/ou em Classes Exclusivas de Ensino Regular e/ou EJA) e de Classes Comuns do Ensino Regular e/ou EJA.

A Figura 1 apresenta os dados da Sinopse Estatística da Educação Básica de 2020 (Inep, 2021) referentes ao município de Venâncio Aires, com relação ao número de matrículas da Educação Especial em Classes Comuns ou Classes Exclusivas.

Figura 1 – Dados da Sinopse Estatística da Educação Básica de 2020 referentes ao município de Venâncio Aires

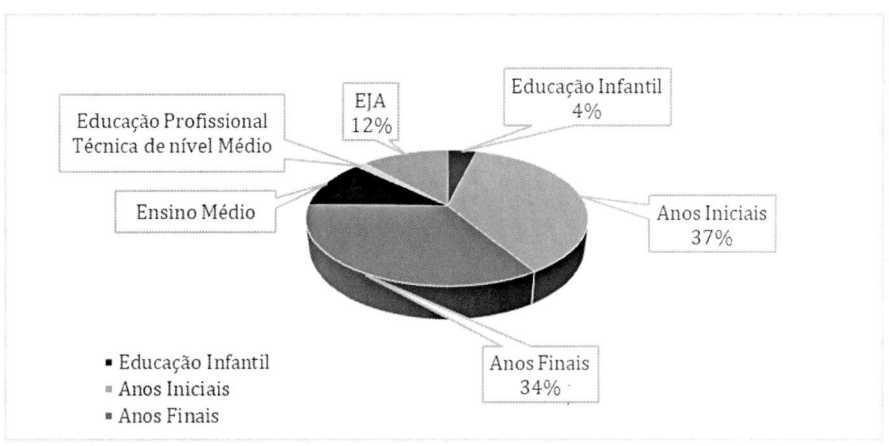

Fonte: elaborada pela autora com base nos dados da Sinopse Estatística da Educação Básica de 2020 (Inep, 2021)

Com base nesses dados, o município de Venâncio Aires possui 1.290 estudantes com deficiência, transtornos globais do desenvolvimento e altas habilidades ou superdotação matriculados. Desse total, 51 estão na Educação Infantil, 484 no ensino fundamental — anos iniciais e 441 no ensino fundamental — anos finais, 151 no ensino médio, 18 na educação profissional técnica de nível médio, 154 na educação de jovens e adultos.

Do total de estudantes público-alvo da Educação Especial, 1.094 estão matriculados em classes comuns e 196 em classes exclusivas (classes especiais ou escolas especiais). Esses 196 estudantes matriculados em classes exclusivas estão divididos da seguinte forma: 26 estão na educação infantil, 125 estão no ensino fundamental- anos iniciais e um está no ensino fundamental — anos finais e 45 estão na educação de jovens e adultos — ensino fundamental.

2.3 QUEM É O PROFESSOR ESPECIALISTA DA SALA DE RECURSOS MULTIFUNCIONAIS?

Depois do recorte histórico da nomenclatura e identificação de quem é o público-alvo da Educação Especial creio ser necessário, e justo, dedicar espaço de escrita para o profissional do atendimento educacional especializado. Não vejo como escrever acerca desse profissional sem trazer à luz as falas e concepções desses. Faço uso, portanto, dos dados da minha pesquisa de mestrado, na qual tive a honra de trabalhar com cinco professores da sala de recursos multifuncionais. A coleta de dados deu-se no decorrer dos anos de 2019 a 2021, em meio à Pandemia do Coronavírus e com os aspectos legais do distanciamento.

Para preservar a identidade dos participantes utilizo a nomenclatura de Professor para identificá-los, numerando sequencialmente do 1 ao 5. A numeração deu-se com base na ordem das respostas do formulário eletrônico enviado. Teremos, portanto, cinco participantes que serão nomeados de Professor 1 a Professor 5. Todos os participantes são professores de Educação Especial atuando no atendimento educacional especializado em SRM de escolas de educação básica, localizadas no território do município de Venâncio Aires. "Quando um pesquisador seleciona uma pequena parte de uma população, espera que ela seja representativa dessa população que pretende estudar" (Prodanov; Freitas, 2013, p. 97).

Mas quem é esse professor da sala de recursos multifuncionais (SRM), sujeito desta pesquisa? Inicio a apresentação dos sujeitos tendo a idade como parâmetro, as idades dos participantes variam entre 38 e 48 anos, conforme o Quadro 4:

Quadro 4 – Idades dos sujeitos da pesquisa

Idade	44 anos	46 anos	38 anos	48 anos	47 anos
Sujeito	Professor 1	Professor 2	Professor 3	Professor 4	Professor 5

Fonte: elaborado pela autora

Para Silva (2021), o professor da Educação Especial é aquele profissional que desenvolve competências que o tornam capaz de identificar necessidades educacionais especiais. Ele também é capaz de definir e implementar respostas educativas frente às necessidades educacionais identificadas. É um apoio para o professor da classe regular, auxiliando a atuação desse nos processos de desenvolvimento e aprendizagem dos estudantes, bem como desenvolvendo estratégias de flexibilização, adaptação curricular e práticas pedagógicas alternativas (Silva, 2021).

Já para Caramori, Mendes e Picharillo (2018), a sala de recursos multifuncionais requer um profissional também multifuncional.

> É necessário ter uma base de conhecimento sobre todas as categorias, pois, só assim, a formação caminha na mesma direção indicada pelas políticas públicas para a prática docente (Caramori; Mendes; Picharillo, 2018, p. 132).

Na Declaração de Salamanca (1994) pode-se ver um pouco da categorização multifuncional à qual Caramori, Mendes e Picharillo (2018) se referem. Segundo esse documento, o professor da SRM deve ter competência para identificar as necessidades especiais dos estudantes, definir e implementar as respostas educativas frente a essas necessidades, apoiar o professor da classe regular, ser atuante nos processos de desenvolvimento e aprendizagem dos seus alunos, com desenvolvimento de estratégias de flexibilização, adaptação curricular e práticas pedagógicas alternativas (Declaração de Salamanca, 1994).

Na tentativa de definir com mais precisão os sujeitos desta pesquisa, mostra-se um resgate do percurso de atuação desse profissional no cenário educacional brasileiro. Em sua pesquisa documental, Martins (2012) encontrou dados que apontavam a existência de 13.960 docentes em exercício no campo da Educação Especial no Brasil no ano de 1974. Conforme o Censo Escolar de 2019 (Brasil, 2020), há, atualmente, 1.281.278 docentes atuando na Modalidade da Educação Especial no Brasil, desses 1.261.710 atuam em classes comuns e 24.601 atuam em classes exclusivas[10].

O estado do Rio Grande do Sul possui 75.777 docentes atuando na Educação Especial, desses 74.159 em classes comuns e 1.878 em classes exclusivas. Na Sinopse Estatística da Educação Básica (Inep, 2021) é possível analisar os

---

[10] "As opções disponíveis são: exclusivamente - a escola oferece apenas AEE; não exclusivamente - além de oferecer AEE, a escola também oferece escolarização e/ou atividade complementar; não oferece - a escola não oferece AEE." (Inep, 2019, p. 72).

dados dos municípios, com base nesse documento, a Tabela 3 apresenta esses dados relacionando o país, o estado e o município foco da pesquisa.

Tabela 3 – Quantidade de docentes da Educação Especial

Brasil		Rio Grande do Sul		Venâncio Aires	
Total de docentes		Total de docentes		Total de docentes	
1.281.278		75.777		538	
Classes comuns	Classes exclusivas	Classes comuns	Classes exclusivas	Classes comuns	Classes exclusivas
1.261.710	24.601	74.159	1.878	522	19

Fonte: elaborada pela autora

No Município de Venâncio Aires há um total de 538 docentes da Educação Especial, esse montante inclui os docentes que atuam em turmas de Classes Exclusivas (Escolas Exclusivamente Especializadas e/ou em Classes Exclusivas de Ensino Regular e/ou EJA) e em Classes Comuns do Ensino Regular e/ou EJA. Desse total, 522 docentes atuam em classes comuns e 19 em classes exclusivas.

O conjunto de docentes das Classes Comuns da Educação Especial inclui os docentes que atuam em turmas que possuam estudantes com algum tipo de deficiência, transtorno global do desenvolvimento e altas habilidades/superdotação do Ensino Regular e/ou EJA. Na Sinopse Estatística da Educação Básica (Inep, 2021) não há dados específicos relativos aos professores das SRM.

Por considerar docentes da educação inclusiva todos os docentes que de alguma forma atendem estudantes com deficiência, transtornos globais do desenvolvimento e altas habilidades ou superdotação, é inviável estimar a quantidade de professores de SRM atuando no território do município. Há, no entanto, como quantificar os docentes atuando em classes exclusivas. Pelos dados da Sinopse Estatística da Educação Básica (Inep, 2021), há 19 professores atuando em turmas de Classes Exclusivas (Escolas Exclusivamente Especializadas e/ou em Classes Exclusivas de Ensino Regular e/ou EJA). Com base na Sinopse Estatística da Educação Básica (Inep, 2021), a proporção de professores dessa modalidade em relação ao conjunto de docentes da Educação Inclusiva é de 3%, conforme a Figura 2.

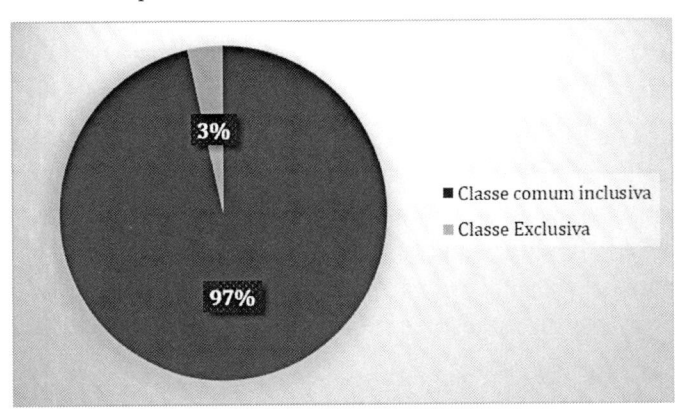

Figura 2 – Professores que atuam na educação inclusiva

[Gráfico de pizza: 97% Classe comum inclusiva; 3% Classe Exclusiva]

Fonte: elaborada pela autora com base na Sinopse Estatística da Educação Básica (Inep, 2021)

Os dados não são específicos de professores que atuam com a Educação Especial já que incluem os professores que atuam em turmas com estudantes com deficiência, transtornos globais do desenvolvimento e altas habilidades ou superdotação. O que se pode analisar a partir desses dados é que o município de Venâncio Aires possui 538 docentes que, de alguma forma, estão envolvidos com a educação inclusiva, em um total de 766 professores cadastrados no Censo Escolar de 2019 (Brasil, 2020). É possível estimar, portanto, que 41% dos docentes do território do município de Venâncio Aires atuam de alguma forma no viés da inclusão, conforme apontado no Gráfico 1.

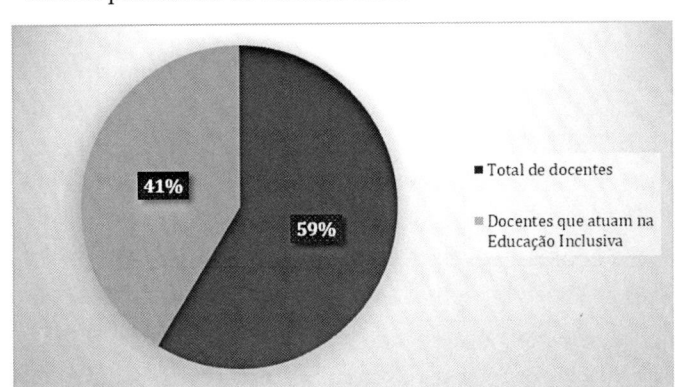

Gráfico 1 – Total de professores de Venâncio Aires

[Gráfico de pizza: 59% Total de docentes; 41% Docentes que atuam na Educação Inclusiva]

Fonte: elaborado pela autora com base no Censo Escolar de 2019 (Brasil, 2020)

Mas, por esta pesquisa ter como sujeitos os professores da sala de recursos multifuncionais, os dados da Sinopse Estatística da Educação Básica-2020 não oferecem informações específicas para a análise em comparação com os dados da pesquisa documental de Martins (2012).

Todos os professores de SRM participantes da pesquisa atuam em escolas localizadas no território do município de Venâncio Aires. Com relação à rede ensino da instituição escolar de atuação, há quatro professores que atuam na rede municipal e quatro que atuam na rede estadual. Como alguns atuam nas duas redes, criou-se o Quadro 5 para melhor identificação da rede de ensino de atuação de cada participante.

Quadro 5 – Rede de ensino dos participantes da pesquisa

Participante	Rede municipal de ensino	Rede estadual de ensino
Professor 1	X	X
Professor 2	X	
Professor 3	X	X
Professor 4		X
Professor 5	X	X

Fonte: elaborado pela autora

Ao serem questionados acerca do tempo de atuação como professores da sala de recursos multifuncionais o Professor 1, o Professor 2 e o Professor 4 afirmaram atuar de 5 a 8 anos. O Professor 3 afirmou atuar há mais de 10 anos, e o Professor 5 indicou atuar de 8 a 10 anos. Interessante observar que o Professor 3, mesmo sendo o participante mais jovem é justamente aquele que possui maior tempo de atuação na SRM. Um fato que pode corroborar é sua formação, o Professor 3 possui graduação em Educação Especial, o que levanta a hipótese de ter atuado somente como professor de SRM. Ao passo que os demais devem ter tido vivências em outras funções, visto pela multiplicidade de cursos de especialização que os outros participantes possuem. Dos professores participantes na pesquisa, somente o Professor 2 atua em uma escola, os demais responderam que atuam em duas escolas.

Com relação ao número de estabelecimentos da Educação Especial em classes comuns ou classes exclusivas, por etapa de ensino, segundo a região geográfica do município, há a discriminação de 26 estabelecimentos da Educação Especial (Inep, 2021). A Educação Especial de Atendimento Educacional Especializado (AEE) inclui os estabelecimentos que oferecem AEE aos estudantes com algum tipo de deficiência, transtorno global do desenvolvimento ou altas habilidades/superdotação, em classes comuns ou em classes exclusivas. Portanto, mesmo que a Sinopse de Estatísticas da Educação Básica (Inep, 2021) não traga a especificação da quantidade de docentes atuando em SRM é possível quantificar as SRM no território do município. A referida tabela aponta 26 estabelecimentos de Atendimento Educacional Especializado. Deduzo, portanto, que há, no mínimo, 26 professores atuando diretamente no atendimento educacional especializado no território de Venâncio Aires (Inep, 2021).

Ao utilizar a quantidade de SRM como ponto balizador podemos analisar por meio da Nota Técnica nº 51/2012 que, até a publicação dessa, haviam sido implantadas um total de 37.800 SRM em todo o território nacional. Analisando que cada uma dessas SRM terá no mínimo um professor atuando nela, percebe-se que houve um aumento significativo no número de profissionais atuando na Educação Especial, se comparado com os dados apontados pela pesquisa de Martins (2012).

Esses profissionais possuem especificações dos documentos oficiais com relação à sua formação. Caramori, Mendes e Picharillo (2018) afirmam que o percurso histórico da formação dos professores de Educação Especial apresenta uma diversidade de propostas ao longo do tempo, segundo os autores, em função da falta de uma diretriz política de formação, para esses, os documentos oficiais permitem distintas interpretações e deliberam muitas definições para os órgãos federados.

Fazendo uso dos dados da pesquisa de Martins (2012), analisei as principais políticas e documentos que trataram da formação dos professores de Educação Especial. Considero esse recorte histórico importante para que os profissionais que atuam na Educação Especial conheçam o percurso da sua profissão, além de trazer à luz o que os documentos oficiais apontam acerca desse profissional, visto que em muitas realidades nem todos os documentos oficiais parecem ser compreendidos.

Com relação aos aspectos históricos temos que em 1974, 56% dos docentes de Educação Especial apresentavam apenas o nível de 2º grau e 5% eram leigos, embora 46% possuíssem algum tipo de especialização (Martins, 2012). Com base nesses dados, a necessidade de formação dos docentes para a ampliação dos atendimentos ao público-alvo da Educação

Especial fica evidente. Frente a isso, o Plano Nacional de Educação Especial (1977/79) teve como objetivo capacitar recursos humanos para atendimento do público-alvo da Educação Especial (Martins, 2012).

Nos anos 1980, houve uma grande expansão de cursos de formação e especialização de profissionais das equipes multiprofissionais para atuar na Educação Especial. Nesse período, houve 184 cursos de Educação Especial envolvendo 24 estados da Federação, abrangendo um total de 6.707 profissionais com cursos de atualização, especialização, aperfeiçoamento, licenciatura e mestrado (Martins, 2012). Os anos 1990 iniciam com uma grande mobilização de órgãos internacionais frente a inclusão e atendimento do público-alvo da Educação Especial (Jannuzzi, 2004).

A Declaração de Salamanca (1994) define a formação do profissional da SRM. Trazendo que o profissional que atua na SRM é o professor especializado em Educação Especial, que comprove formação em cursos de licenciatura em Educação Especial ou em uma de suas áreas, preferencialmente de modo concomitante e associado à licenciatura para educação infantil ou para os anos iniciais do ensino fundamental. Além de pós-graduação em áreas específicas da Educação Especial, posterior à licenciatura nas diferentes áreas de conhecimento, para atuação nos anos finais do ensino fundamental e no ensino médio. O texto da Declaração de Salamanca (1994) traz ainda que o conhecimento e as habilidades necessários à formação de professores do ensino regular devem incluir a avaliação de necessidades especiais, adaptações de conteúdos curriculares, utilização de tecnologias assistivas além da individualização de procedimentos de ensino apontando que todos os professores deveriam treinar a habilidade de adaptação de currículos no sentido de atender às necessidades especiais dos estudantes.

A Portaria Ministerial nº 1793/1994 traz a necessidade de complementação dos currículos de formação de docentes e outros profissionais da equipe multidisciplinar. Recomenda a inclusão de disciplina específica de aspectos ético-político-educacionais relacionados às pessoas com deficiência e aponta a prioridade para os cursos de Pedagogia. Essa tendência de a Pedagogia estar mais relacionada com a inclusão também pôde ser vista na pesquisa de Linhares (2016) e de Caramori, Mendes e Picharillo (2018).

A LDB 9394/96 faz referência a dois perfis profissionais para atuação na Educação Especial, sendo o primeiro o professor da classe comum capacitado e o segundo o professor especializado em Educação Especial. Na análise de Silva (2021, p. 48), conforme a LDB/96:

> Serão considerados 'capacitados' ao comprovarem que, em sua formação, de nível médio ou superior, tiveram contato ou disciplinas sobre Educação Especial e demonstrem competência para:
> - Perceber as necessidades educacionais dos alunos.
> - Flexibilizar a ação pedagógica nas diferentes áreas de conhecimento.
> - Avaliar continuamente a eficácia do processo educativo.
> - Atuar em equipe, inclusive com professores especializados em Educação Especial. (Silva, 2021, p. 48).

Já para Caramori, Mendes e Picharillo (2018), somente o Artigo 59 dessa legislação versa superficialmente sobre a formação do professor de Educação Especial. Para esses, não há nessa legislação uma definição de como se daria a formação para a capacitação e especialização dos professores das classes comuns.

Nos anos 2000 houve novas tentativas de ampliar a formação de profissionais para atuação na Educação Especial. O MEC lançou diversos programas de incentivo à formação, como "Programas, projetos e ações oficiais de formação de professores"; "Programa Educação Inclusiva: direito à diversidade"; "Programa de Formação em Educação Inclusiva" e "Programa de Apoio à Educação Especial". Conforme Caramori, Mendes e Picharillo (2018, p. 127):

> A partir desse momento propunha-se que os conhecimentos sobre Educação Especial passariam a ser diluídos no decorrer dos cursos de licenciaturas, passando seu aprofundamento para a formação continuada, mais especificamente para o nível de especialização *lato sensu*. (Caramori; Mendes; Picharillo, 2018, p. 127).

Conforme Linhares (2016), os cursos de Pedagogia foram muito efetivos em incluir em suas grades curriculares disciplinas referentes à Educação Especial. Conforme Caramori, Mendes e Picharillo (2018), na maioria dos casos o professor de Educação Especial era um pedagogo com especialização em Educação Especial, em menor escala havia professores com Licenciatura em Educação Especial.

A Resolução nº 02/2001, do CNE e da Câmara de Educação Básica, instituindo as Diretrizes Nacionais para a Educação Especial na Educação Básica, reafirma a necessidade de capacitação tanto para os profissionais do ensino regular, como dos docentes da Educação Especial. Estabelece ainda que os professores especializados em Educação Especial deveriam comprovar sua formação em cursos de licenciatura em Educação Especial, ou em uma das suas áreas, apontando que esse deveria preferencialmente ser concomitante com a licenciatura para Educação Infantil ou anos iniciais do ensino fundamental, ou comprovar a complementação de estudos ou pós-graduação em áreas específicas da Educação Especial para atuação nos anos finais do ensino fundamental e no ensino médio.

Esta resolução traz no Art. 18 o perfil profissional dos professores de Educação Especial:

> § 2º São considerados professores especializados em educação especial aqueles que desenvolveram competências para identificar as necessidades educacionais especiais para definir, implementar, liderar e apoiar a implementação de estratégias de flexibilização, adaptação curricular, procedimentos didáticos pedagógicos e práticas alternativas, adequados ao atendimentos das mesmas, bem como trabalhar em equipe, assistindo o professor de classe comum nas práticas que são necessárias para promover a inclusão dos alunos com necessidades educacionais especiais. (Brasil, 2001, p. 5).

Em 2003, o Ministério da Educação deu início ao Programa Educação Inclusiva: Direito à Diversidade, promovido pela Secretaria de Educação Especial. Esse programa visava à formação de gestores e professores para a disseminação da política de educação inclusiva. Em meados de 2010 o programa já havia atingido 168 municípios, possibilitando assim a formação de 133.167 professores e gestores, no período de 2004 a 2009 (Martins, 2012).

"Até o ano de 2006, a formação do professor de Educação Especial poderia se constituir em habilitação específica do curso de Pedagogia" (Caramori; Mendes; Picharillo, 2018, p. 126). Com a publicação das Diretrizes Curriculares Nacionais para o curso de graduação em Pedagogia, houve determinação para que os cursos de Pedagogia habilitassem os professores somente para atuação na educação infantil e nos anos iniciais do ensino fundamental. "Excluindo definitivamente a possibilidade de formações por habilitações, eixos ou áreas, como acontecia em alguns cursos de Pedagogia" (Caramori; Mendes; Picharillo, 2018, p. 126).

O Conselho Estadual de Educação do Rio Grande do Sul, por meio do Parecer nº 56/2006, estabeleceu as competências que o professor especializado em Educação Especial necessita para sua atuação, segundo o documento o professor deve ter competência para identificar as necessidades educacionais especiais, definir e implementar respostas educativas para as necessidades identificadas, também apoiar o professor do ensino regular. Ter competência para atuar nos processos de desenvolvimento e aprendizagens dos estudantes, por meio de estratégias de flexibilização, adaptação curricular e práticas pedagógicas alternativas. Para atuar como professor especialista em Educação Especial, o Parecer nº 56/2006 apontou a necessidade de comprovação de licenciatura em Educação Especial, ou em alguma das suas áreas[11], a complementação de estudos em áreas específicas da Educação Especial, ou ainda pós-graduação áreas específicas da Educação Especial.

A Política Nacional de Educação Especial na Perspectiva da Educação Inclusiva é lançada em 2007, impulsionando o número de matrículas de estudantes com deficiência, transtornos globais do desenvolvimento e altas habilidades ou superdotação na Educação Básica (Baptista, 2019). Essa política gerou grande demanda da rede regular de ensino, houve criação de SRM, e novas demandas de formação para os professores (Caramori; Mendes; Picharillo, 2018). Ainda em 2007, são publicados os Cadernos para Formação Continuada de Professores, esses continham material específico sobre o trabalho a ser desenvolvido na SRM. Há, nesse material, fascículos que abordam as mais variadas deficiências (Linhares, 2016). Importante ressaltar que nesse período havia no país um único curso de Licenciatura específica em Educação Especial, na Universidade Federal de Santa Maria/RS (Caramori; Mendes; Picharillo, 2018).

A publicação da Resolução CNE/CEB nº 4/2009, do Conselho Nacional de Educação, com as Diretrizes Operacionais para o Atendimento Educacional Especializado na Educação Básica, modalidade Educação Especial, define em seu Art. 12 que para atuar "no AEE, o professor deve ter formação que o habilite para o exercício da docência e formação específica para Educação Especial" (Brasil, 2009, Art. 12). O fato de a legislação não definir o que seria a formação que habilite para a docência, e o que é a formação específica abre possibilidades para distintas interpretações (Linhares, 2016).

Conforme os dados estatísticos do Inep de 2020, acerca do percentual de funções docentes com curso superior por município, 100% dos professores da modalidade de Educação Especial do município de

---

[11] O documento do Parecer nº 56/2006 não define quais seriam estas "outras áreas" da Educação Especial.

Venâncio Aires possuem curso superior (Brasil, 2020). Já conforme a Sinopse Estatística da Educação Básica (Inep, 2021), dos 522 docentes da educação inclusiva, 19 possuem formação em nível médio, 458 possuem graduação com licenciatura, 45 com graduação sem licenciatura, 258 possuem pós-graduação em nível de especialização, 48 possuem mestrado e 8 doutorado.

Com relação à formação, Silva (2021, p. 49) afirma que o professor da sala de recursos multifuncionais deve comprovar:

> [...] a formação em cursos de licenciatura em Educação Especial ou em uma de suas áreas, preferencialmente de modo concomitante e associado à licenciatura para Educação Infantil para os Anos Iniciais do Ensino Fundamental, e — complementação de estudos ou pós-graduação em áreas específicas da Educação Especial, posterior à licenciatura nas diferentes áreas de conhecimento, para atuação nos Anos Finais do Ensino Fundamental e no Ensino Médio. (Silva, 2021, p. 48-49).

Linhares (2016) identificou em sua pesquisa que os professores generalistas pedagogos adequavam-se mais às especificações da Declaração de Salamanca (1994) de atender a todas as deficiências, sem distinção. Segundo esse autor, esses pedagogos com formação complementar em Educação Especial atendiam ao que estava posto nos documentos oficiais, pois para ele a formação inicial em Pedagogia trata-se de uma formação generalista. Pode-se ampliar a visão de formação generalista também ao Magistério, visto que esse habilita para a atuação nos mesmos níveis de ensino da licenciatura em Pedagogia.

Com base na formação acadêmica, o Professor 1 afirmou ter Magistério; Pedagogia — séries iniciais; especialização em Supervisão Escolar; especialização em Educação Especial. O Professor 2 cursou Magistério, licenciatura em Matemática e especialização em Educação Especial, com Ênfase em Transtorno Global do Desenvolvimento (TGD), e especialização em AEE. O Professor 3 afirmou ter graduação em Educação Especial. O Professor 4 possui Magistério, graduação em Pedagogia, especialização em Psicopedagogia e Educação Especial. O Professor 5 possui formação em Magistério, graduação em Letras, capacitação em Deficiência Mental. Para melhor sistematização os dados da formação foram colocados no Quadro 6.

Quadro 6 – Formação dos sujeitos da pesquisa

FORMAÇÃO	SUJEITO				
	P1	P2	P3	P4	P5
Especialização em Educação Especial, com Ênfase em Transtorno Global do Desenvolvimento (TGD)		X			
Especialização em Psicopedagogia				X	
Especialização em Educação Especial	X	X		X	
Especialização em Supervisão Escolar	X				
Capacitação em Deficiência Mental					X
Graduação em Educação Especial					
Graduação em Letras					X
Licenciatura em Matemática		X			
Pedagogia	X			X	
Magistério	X	X		X	X
SUJEITOS	P1	P2	P3	P4	P5

Fonte: elaborado pela autora

Segundo Caramori, Mendes e Picharillo (2018), há pouca oferta de graduações na área da Educação Especial. Por haver poucos cursos de graduação em Educação Especial, os professores de Educação Especial, graduados para tal, não são formados em quantidade suficiente para suprir a demanda, o que faz com que professores do ensino regular com especialização na área da Educação Especial assumam salas de recursos multifuncionais (Lima; Manrique, 2017).

Essa falta de profissionais capacitados acaba por gerar formas de ingresso distintas, o Gráfico 2 apresenta as formas de ingresso na função de professor de Educação Especial.

Gráfico 2 – Forma de ingresso na função de professor de Educação Especial

[Gráfico de pizza com os valores: 6 - Nomeação de professor de Anos Iniciais do Ensino Fundamental; 2 - Nomeação de professor de Educação Especial; 1 - Contrato temporário de Professor de Educação Especial; 1 - Nomeação de professor de Educação Infantil]

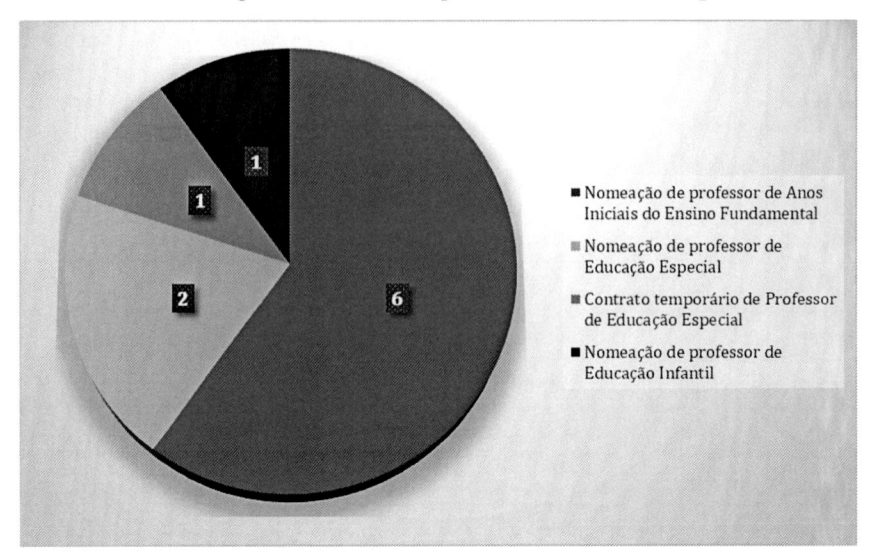

Fonte: elaborado pela autora

Temos que nomeação de professor de anos iniciais do ensino fundamental configura-se como o professor que participou de concurso público de provas e títulos, após aprovação foi nomeado para o cargo, passando a fazer parte do regime estatutário de profissionais da rede de ensino (municipal ou estadual). Os professores dos anos iniciais do ensino fundamental são professores generalistas, que atuam nas turmas de 1º a 5º ano. A nomeação de professor de educação infantil e de professor de Educação Especial configuram-se igualmente com a categoria de profissionais aprovados em concurso público de provas e títulos para o referido cargo e após aprovação e nomeação fazem parte do regime estatutário da rede de ensino (municipal ou estadual).

O contrato temporário de professor de Educação Especial faz parte do regime celetista da rede de ensino, esse profissional é selecionado por meio de prova de títulos apenas, atuando no período em que durar o seu contrato de trabalho com a instituição mantenedora (municipal ou estadual).

Como o regime jurídico dos professores permite que eles acumulem cargos, dos cinco professores participantes da pesquisa há um quantitativo de seis nomeações como professores de anos iniciais no ensino fundamental, apenas dois possuem nomeação como professor de Educação Especial. Há ainda um com nomeação de professor de educação infantil e um professor que atua em SRM, porém é vinculado por meio de contrato temporário.

Apesar das formações, perfis profissionais e formas de ingresso serem distintos, as atribuições do professor da SRM seguem as mesmas. Ao analisar os atos normativos que deliberam sobre as atribuições do professor da SRM temos distintos documentos que descrevem as atribuições desse profissional. A Resolução do Conselho Nacional de Educação-CNE nº 04 de 2009, e a Nota Técnica da Secretaria de Educação Especial-SEESP, nº 11/2010 trazem de forma descritiva as atribuições. Os documentos posteriores analisados nessa pesquisa não descrevem de forma tão clara as atribuições desse profissional. A Política Nacional de Educação Especial: Equitativa, Inclusiva e com Aprendizado ao Longo da Vida, instituída pelo Decreto nº 10.502 de 30 de setembro de 2020 não estabelece as atribuições do professor da SRM, analiso, portanto, o que está posto na Nota Técnica nº 11/2010, visto que essa traz as orientações para a institucionalização da oferta do Atendimento Educacional Especializado (AEE) em Salas de Recursos Multifuncionais, implantadas nas escolas regulares.

O professor da SRM possui como primeira atribuição:

> 1. Elaborar, executar e avaliar o Plano de AEE do aluno, contemplando: **a identificação das habilidades e necessidades** educacionais específicas dos alunos; a definição e a organização das estratégias, serviços e recursos pedagógicos e de acessibilidade; o tipo de atendimento conforme as necessidades educacionais específicas dos alunos; o cronograma do atendimento e a carga horária, individual ou em pequenos grupos. (Brasil, 2010, p. 4, grifo nosso).

Esse mesmo documento apresenta que a competência para a elaboração e execução do Plano de AEE é do professor da SRM. Esse deve ser articulado com os demais professores do ensino regular, com a participação da família e em interface com os demais serviços setoriais. Acerca da participação do professor da SRM nas reuniões e conselhos de classe, Braun e Vianna (2010, p. 30) entendem que:

> O professor da sala de recursos precisa garantir a elaboração e a execução do PEI de cada aluno que atende. Para isto ele deve ser o articulador e o mediador entre vários atores. Isto requer tempo, conhecimento sobre o aluno, boa interação com os professores das turmas regulares, participação nas reuniões de planejamento, nos conselhos de classe de todos os alunos que acompanha. (Braun; Vianna, 2010, p. 30).

Linhares (2016) identificou em sua pesquisa uma dificuldade em definir e estabelecer os documentos obrigatórios da SRM. Segundo o autor, a ausência de uma legislação clara e específica permite que as interpretações sejam individuais ou regionalizadas, criando discrepâncias. Para Poker *et al.* (2013, p. 31), "a partir da análise dos dados da avaliação, o professor irá elaborar um planejamento pedagógico para ser desenvolvido na Sala de Recursos Multifuncional, de modo a atender às condições individuais de aprendizagem do aluno".

A orientação legal (Brasil, 2008a, p. 12) indica que o atendimento na SRM "deve ser realizado no turno inverso ao da classe comum, na própria escola ou centro especializado que realize esse serviço educacional". Linhares (2016) aponta esse aspecto de ajuste de horários e turnos, tendo em vista as dificuldades das famílias, e o esforço dos professores da SRM para que os estudantes público-alvo da Educação Especial não deixem de ser atendidos acaba muitas vezes possibilitando que alguns estudantes sejam atendidos na SRM no turno regular.

A Nota Técnica nº 11/2010 traz como segunda atribuição que o professor da SRM deve:

> 2. Programar, acompanhar e **avaliar** a funcionalidade e a aplicabilidade dos recursos pedagógicos e de acessibilidade no AEE, na sala de aula comum e nos demais ambientes da escola. (Brasil, 2010, p. 4, grifo nosso).

A articulação de todos os professores do estudante público-alvo da Educação Especial mostra-se importante justamente no aspecto da aplicabilidade das estratégias e recursos propostos no Plano de AEE. Alguns estudantes podem necessitar de auxílio e suporte de todos os membros da instituição (Poker *et al.*, 2013). A perspectiva inclusiva da educação traz a concepção de educação para todos. Sendo assim, a escola e seus agentes devem buscar minimizar barreiras de acesso e permanência de todos os educandos, a educação inclusiva impulsiona mudanças nas práticas educacionais nas escolas (Alves *et al.*, 2006). Importante lembrar que na perspectiva da inclusão da Declaração de Salamanca (1994) não é o estudante público-alvo da Educação Especial que necessita se adequar ao ambiente e aos processos, os ambientes e processos é que necessitam adequar-se para que todos, inclusive os estudantes com deficiência, transtornos globais do desenvolvimento e altas habilidades ou superdotação, possam participar efetivamente da vida escolar.

A articulação com o ensino regular mostra-se um desafio, seja pelo turno de trabalho ou pelas relações que ali se estabelecem (Anache; Resende, 2016).

O Plano de AEE prevê adaptações e possibilidades de trabalho a serem desenvolvidas em todas as esferas do educandário, inclusive na classe regular. Poker *et al.* (2013) aponta a importância da avaliação inicial e da observação do professor da SRM para identificar as potencialidades e dificuldades do estudante público-alvo da Educação Especial. Esses autores reforçam a importância de o professor da SRM ter um conhecimento amplo sobre o estudo de caso e habilidades dos estudantes que serão atendidos, para que possa articular a construção dos documentos necessários com todos os agentes envolvidos.

Para que essas adaptações sejam efetivas, que saiam do papel, é fundamental haver articulação entre todos os membros do processo de inclusão (Linhares, 2016). "O plano, portanto, deverá ser constantemente revisado e atualizado, buscando-se sempre o melhor para o aluno e considerando que cada um deve ser atendido em suas particularidades" (Ropoli *et al.*, 2010, p. 24).

Anache e Resende (2016) identificaram que os professores das SRM encontram dificuldade para elaborar planejamento com os professores do ensino regular. Marileide Antunes Oliveira e Lúcia Pereira Leite (2011) também relatam essa dificuldade em sua pesquisa.

A terceira atribuição do professor da SRM, segundo a Nota Técnica nº 11/2010 traz que este deve:

> 3. Produzir materiais didáticos e pedagógicos acessíveis, considerando as necessidades educacionais específicas dos alunos e os desafios que estes vivenciam no ensino comum, **a partir dos objetivos** e das atividades propostas no currículo. (Brasil, 2010, p. 4, grifo nosso).

O professor da SRM, ao trabalhar com a suplementação e complementação do trabalho desenvolvido no ensino regular, precisará atender aos distintos níveis de ensino. "Somam-se então, além da diversidade de perfis de alunos atendidos, a diversidade de planejamentos e materiais que precisam ser adequadamente organizados para que o trabalho seja bem desenvolvido" (Linhares, 2016, p. 91).

A Educação Especial na rede municipal contará com turmas do pré--escolar ao 9º ano e na rede estadual do 1º ano do ensino fundamental ao 3º ano do ensino médio. Há ainda de se ponderar os atendimentos aos alunos das Classes Especiais e da Educação Infantil. No território de Venâncio Aires a maior parte dos estudos de caso advém do Centro Integrado de Educação e Saúde (Cies), visto que esse possui equipe multiprofissional. Com as avaliações e atendimentos da equipe multiprofissional do Cies, os estudantes são diagnosticados de forma precoce, antes de iniciarem o ensino fundamental, ampliando ainda mais o leque possibilidades de estudantes a serem atendidos.

A adaptação dos materiais das aulas regulares, dos materiais para a intervenção nos atendimentos, e tantos outros recursos que possibilitarão ao estudante público-alvo da Educação Especial a participação com equidade na sala regular e nos distintos espaços da escola (Machado *et al.*, 2020) são apontados como tarefa do professor da SRM. A definição desses recursos é feita no Plano de AEE, ponto que reforça a importância da avaliação pedagógica desse estudante para que seu Plano seja efetivo e atenda às suas especificidades (Poker *et al.*, 2013).

A construção do Plano de AEE aponta aspectos elencados no estudo de caso construído a partir da avaliação pedagógica inicial. Após acompanhar, avaliar e observar as relações que o estudante público-alvo da Educação Especial estabelece com as distintas situações, o professor da SRM terá uma dimensão das reais dificuldades desse estudante (Linhares, 2016), conseguindo, então, propor recursos pedagógicos que auxiliem na diminuição de barreiras de aprendizagem (Veltrone; Mendes, 2011).

A quarta atribuição do professor da SRM é:

> 4. Estabelecer a articulação com os professores da sala de aula comum e com demais profissionais da escola, visando a disponibilização dos serviços e recursos e o desenvolvimento de atividades para a participação e aprendizagem dos alunos nas atividades escolares; bem como as parcerias com as áreas intersetoriais. (Brasil, 2010, p. 5).

O item 4 das atribuições do professor da SRM traz uma relação direta com os itens anteriormente apontados, busca articular e colocar a SRM como um espaço de inter-relações do educandário. Essas articulações buscam evitar o que Mendes, Pletsch e Hostins (2019) trazem acerca da busca do professor da SRM por superar o isolamento do professor especializado. A SRM não deve ser um espaço isolado, somente para atendimento dos estudantes com deficiência, transtornos globais do desenvolvimento e altas habilidades ou superdotação, mas um espaço de diálogos e trocas entre todos os entes do educandário (Braun; Vianna, 2010). "O trabalho em conjunto e compartilhado tem a perspectiva de desenvolver maiores potencialidades nas ações e interações dos sujeitos e suas aprendizagens (Machado *et al.*, 2020, p. 6).

As parcerias com áreas intersetoriais, quando apontadas no estudo de caso ou no Plano de AEE, podem ser buscadas na rede pública ou por meio da iniciativa privada (quando os pais possuem condições e interesse). As redes intersetoriais de apoio à inclusão escolar podem envolver áreas da educação, saúde, assistência social, dentre outras (Brasil, 2013). No município de Venâncio Aires o Cies acaba sendo o espaço que permite maior intersetorialidade entre os serviços oferecidos e as escolas.

Como quinta atribuição do professor da SRM temos que este deve:

> 5. Orientar os demais professores e as famílias sobre os recursos pedagógicos e de acessibilidade utilizados pelo aluno de forma a ampliar suas habilidades, promovendo sua autonomia e participação. (Brasil, 2010, p. 5).

Para que o professor da SRM consiga efetivar sua atribuição 5, ele necessita conhecer muito bem seus estudantes, as potencialidades e as dificuldades de cada um (Piccoli, 2017). "O sucesso da aprendizagem está em explorar talentos, atualizar possibilidades, desenvolver predisposições naturais de cada aluno" (Mantoan, 2003, p. 38). Os estudantes apresentam evolução, há progressos mesmo nos casos mais severos, e somente com a articulação e orientação que se estabelecerá as metas a serem buscadas (Alves *et al.*, 2006).

Ao identificar no Plano de AEE as barreiras à aprendizagem, haverá que se estabelecer também os apoios necessários para o sucesso do estudante (Veltrone; Mendes, 2011). É por meio das orientações entre as partes envolvidas que esse processo vai ganhando significado. Para tanto, ter ciência de como é elaborado esse Plano e como se dará a avaliação do rendimento acadêmico é premissa básica para a compreensão e participação de todos (Pasian; Mendes; Cia, 2017). O professor da SRM, a depender da dificuldade do estudante, precisará apontar no Plano de AEE a adaptação de todo o currículo, da forma de atendimento do estudante entre outras necessidades que vierem a ser identificadas.

Neste sentido, cabe a constatação de Braun e Viana (2010) sobre a quantidade de estudantes a serem atendidos pelo professor da SRM:

Cada professor de sala de recursos precisa ter um número limitado de alunos a atender e acompanhar, este número depende da necessidade dos estudantes, do grau de autonomia deles, da autoria e autonomia profissional dos docentes do ensino regular, também. (Braun; Vianna, 2010, p. 30).

Com relação à quantidade de estudantes atendidos por cada um dos participantes desta pesquisa, temos que o Professor 1 atende 18 estudantes público-alvo da Educação Especial, o Professor 2 atende 16, o Professor 3 atende 17, o Professor 4 atende 33 e o Professor 5 atende 17 público-alvo da Educação Especial na SRM. O Quadro 7 apresenta a quantidade de estudantes e a carga horária semanal de trabalho na SRM de cada um dos participantes da pesquisa.

Quadro 7 – Quantidade de estudantes e carga horária dos professores da SRM

Participante	Carga horária na SRM	Quantidade total de estudantes atendidos
PROFESSOR 1	20 horas semanais	18 estudantes
PROFESSOR 2	20 horas semanais	16 estudantes
PROFESSOR 3	20 horas semanais	17 estudantes
PROFESSOR 4	40 horas semanais	33 estudantes
PROFESSOR 5	20 horas semanais	17 estudantes

Fonte: elaborado pela autora

A sexta atribuição apontada pela Nota Técnica nº 11/2010 traz que o professor da SRM deve:

> 6. Desenvolver atividades próprias do AEE, de acordo com as necessidades educacionais específicas dos alunos: ensino da Língua Brasileira de Sinais — Libras para alunos com surdez; ensino da Língua Portuguesa escrita para alunos com surdez; ensino da Comunicação Aumentativa e Alternativa — CAA; ensino do sistema Braille, do uso do soroban e das técnicas para a orientação e mobilidade para alunos cegos; ensino da informática acessível e do uso dos recursos de Tecnologia Assistiva — TA; ensino de atividades de vida autônoma e social; orientação de atividades de enriquecimento curricular para as altas habilidades/superdotação; e promoção de atividades para o desenvolvimento das funções mentais superiores. (Brasil, 2010, p. 5).

Nessas situações, o professor da SRM fará uso dos materiais pedagógicos disponibilizados na implantação da SRM, conforme Linhares (2016) as atribuições do professor da SRM exigem uma compreensão bem mais ampla. Segundo ele, esse profissional precisará ir muito além do recurso puramente pedagógico, pois é necessário conhecer e manusear equipamentos tecnológicos variados. Como já analisado, houve criação de diversos núcleos de atendimento a estudantes com superdotação em distintas capitais (Alves *et al.*, 2006). O Instituto Benjamin Constant e o Instituto Nacional de Educação de Surdos continuam adaptando materiais e possibilitando formação a professores que necessitem desses conhecimentos tão específicos.

A atribuição 6 retoma a importância de realizar uma avaliação diagnóstica inicial que busque identificar potencialidades e dificuldades do estudante. De posse desses conhecimentos, o professor da SRM articulará a elaboração de um Plano de AEE que realmente aponte recursos e estratégias significativas para o estudante, para que a partir dos aspectos pensados pelo grupo de profissionais que atendem ao estudante, o professor da SRM elenque em seu Plano de Desenvolvimento Individualizado quais ações e propostas serão desenvolvidas nos atendimentos da SRM (Gomes, 2010). Todas as ações do professor da SRM dependem do seu Plano, que deve ser construído para cada um de seus estudantes. A avaliação das habilidades e dificuldades dos estudantes público-alvo da Educação Especial é fundamental para que esse Plano seja significativo e alcance sucesso em sua aplicação (Pletsch; Oliveira, 2017).

Anache e Resende (2016), em uma pesquisa com professores da SRM, identificaram que os Planos de Desenvolvimento Individual (PDI) dos estudantes atendidos na sala de recursos não indicavam como as informações para seu desenvolvimento haviam sido levantadas, assim como não identificaram procedimentos normatizados na condução do processo de avaliação pedagógica para a elaboração do plano.

Para a construção de um Plano de AEE que seja significativo para a evolução do estudante é necessário investir em avaliações que informem o processo de aprendizagem de cada estudante (Voltolini; Almeida, 2014). De posse dos dados coletados na avaliação diagnóstica inicial, o professor da SRM poderá orientar o professor do ensino regular sobre metodologias adequadas para a organização do ensino de forma a atingir e auxiliar o estudante (Anache; Resende, 2016).

> Convém lembrar que o desempenho de alguém, em qualquer tarefa, é influenciado pelas exigências da própria tarefa, pela história do indivíduo e pelos fatores inerentes ao meio em que é realizada a avaliação, quaisquer que sejam os instrumentos de avaliação utilizados, já padronizados, ou não. (Brasil, 2006, p. 38).

As atribuições do professor da SRM são variadas, Linhares (2016) aponta a multiplicidade de conhecimentos e habilidades que esse profissional carece para que consiga realizar suas tarefas. O professor da SRM é um especialista que carece de atualização constante, principalmente se levada em consideração a ampla gama de níveis dos estudantes que recebem atendimento educacional especializado na sala de recursos multifuncionais e a multiplicidade de atribuições que lhes cabem.

3

A AVALIAÇÃO NA SALA DE RECURSOS MULTIFUNCIONAIS

O tema avaliação é uma seara delicada para professores, seja por mensuração, análise ou a metodologia que for analisar, a aprendizagem de outrem é um ato desafiador. A avaliação é apontada como uma das atribuições do professor da sala de recursos multifuncionais. Com vistas a essa avaliação na seara da Educação Especial discuto os aspectos indicados nos documentos oficiais e autores que embasam essa pesquisa numa tentativa de encontrar possibilidades, recursos e metodologias aplicáveis ao contexto e especificidade da Educação Especial.

A avaliação realizada na SRM será aqui denominada de avaliação pedagógica, seja por ser realizada em ambiente educacional, visto que a sala de recursos multifuncionais é um espaço da escola regular, seja por ser uma das atribuições do professor especialista atuando em SRM. Os autores Linhares (2016), Veltrone e Mendes (2011), Batista, Gonçalves e Andrade (2015) e Voltolini e Almeida (2014) e outros utilizam a nomenclatura de avaliação diagnóstica ao referir-se à avaliação realizada para identificação de habilidades e barreiras que impeçam ou dificultem o acesso do estudante, já Poker *et al.* (2013), Pasian, Mendes e Cia (2017) entre outros não especificam uma nomenclatura para a avaliação realizada na SRM.

No contexto da Educação Especial, e principalmente na concepção da política de Educação Especial inclusiva, a avaliação não possui a intencionalidade de mensurar os conhecimentos dos estudantes, para apontamento de acertos e erros apenas. Para Poker *et al.* (2013), num sistema educacional inclusivo, a avaliação torna-se um instrumento que permite a identificação da situação dos estudantes em relação às condições de aprendizagem, as favoráveis e as barreiras existentes.

De acordo com o fascículo II da Coleção "A Educação Especial na Perspectiva da Inclusão Escolar" (Gomes, 2010) ao professor do Atendimento Educacional Especializado cabe a identificação das especificidades educacionais de cada estudante de forma articulada com a sala de aula do ensino regular. Por meio de avaliação pedagógica esse profissional deverá definir, avaliar e organizar as estratégias pedagógicas que contribuam com o desenvolvimento educacional do estudante, que se dará junto aos demais na sala de aula. A avaliação pedagógica do professor da SRM norteará as estratégias que os professores do ensino regular empregarão com o estudante público-alvo da Educação Especial.

A avaliação pedagógica faz, portanto, parte do trabalho do professor da SRM, pois, para elaborar o planejamento das ações pedagógicas ou de intervenção para os estudantes com deficiência, transtornos globais do desenvolvimento e altas habilidades ou superdotação, este "precisa identificar quais são os elementos facilitadores e as barreiras que estão dificultando a aprendizagem do aluno, na escola e na sala de aula" (Poker *et al.*, 2013, p. 22). Fayol (1996) corrobora nesse sentido indicando que os programas de intervenção carecem de informações relativas ao nível de desenvolvimento dos estudantes para sua elaboração. Esses programas de intervenção são comumente traçados no PDI do estudante. Ou seja, para que o professor da SRM possa elaborar um plano de intervenção para o estudante a ser atendido deverá, antes, realizar a avaliação pedagógica. A avaliação pedagógica da SRM permite que se identifiquem as necessidades educacionais vinculadas ao próprio estudante, "as quais dificultam ou impedem que a sua aprendizagem escolar ocorra. Incluem-se, nesse caso, problemas visuais, intelectuais, comportamentais, motores, auditivos, físicos etc." (Poker *et al.*, 2013, p. 22).

Essa avaliação objetiva identificar barreiras que estejam impedindo ou prejudicando o processo educativo. Ela "deverá levar em consideração todas as variáveis: as que incidem na aprendizagem: as de cunho individual; as que incidem no ensino, como as condições da escola e da prática docente" (Brasil, 2001, p. 15). O processo avaliativo terá como foco o desenvolvimento e a aprendizagem do estudante público-alvo da Educação Especial, buscando a melhoria da instituição escolar como um todo, em todas as suas práticas educativas.

O Ministério Público Federal, ao publicar a cartilha "O Acesso de Alunos com Necessidades Educacionais Especiais às Escolas e Classes Comuns da Rede Regular", em 2004, descreve como realizar a avaliação, sugere uma avaliação que acompanhe o percurso de cada estudante, analisando competências, habilidades e conhecimentos. O caráter classificatório deve, sugere-se, ser substituído para uma visão que aprecie os progressos na organização dos estudos, no tratamento da informação e na participação na vida social.

"Para alcançar sua [...] finalidade, a avaliação terá, necessariamente, de ser dinâmica, contínua, mapeando o processo de aprendizagem dos alunos em seus avanços, retrocessos, dificuldades e progressos" (Brasil, 2004, p. 41).

Na avaliação pedagógica que o professor da SRM realiza, o estudante público-alvo da Educação Especial será analisado como um todo, para que se tenha uma visão completa de suas habilidades e dificuldades. Nesse processo haverá a alocação de diversos instrumentos, Pasian, Mendes e Cia (2017) citam o histórico do estudante, testes de escalas de características, questionários, observações, entrevistas com professores e a família, entre outros, como possibilidades a serem utilizadas pelo professor da SRM.

É por meio da avaliação pedagógica que o professor da SRM estabelecerá os comportamentos alvos a serem ensinados, treinados e trabalhados. Assim como selecionará os procedimentos de ensino disponíveis e necessários para cada um dos estudantes (Costa; Picharillo; Elias, 2016). A identificação precoce das dificuldades é fundamental para iniciar o quanto antes as atividades de intervenção, buscando, assim, reduzir as dificuldades desse estudante (Ferrandini; Silveira, 2018).

A Política Nacional de Educação Especial de 1994 aponta que as principais dificuldades enfrentadas pela Educação Especial na época eram a falta de sistematização do processo de avaliação e de acompanhamento do estudante (Brasil, 1994). O documento indica ainda a carência de técnicos para orientação, acompanhamento e avaliação da programação pedagógica desenvolvida com os estudantes público-alvo da Educação Especial.

A Resolução CNE/CEB nº 2/2001, ao tratar da avaliação, traz que essa faz parte do processo de ensino e aprendizagem, sendo importante inclusive para a identificação das necessidades educacionais especiais dos estudantes, podendo, inclusive, indicar a eventual necessidade de apoios pedagógicos adequados. Essa resolução define a avaliação pedagógica como:

> [...] processo permanente de análise das variáveis que interferem no processo de ensino e aprendizagem, para identificar potencialidades e necessidades educacionais dos alunos e as condições da escola para responder a essas necessidades. Para sua realização, deverá ser formada, no âmbito da própria escola, uma equipe de avaliação que conte com a participação de todos os profissionais que acompanhem o aluno. (Resolução CNE/CEB nº 2/2001).

A Resolução nº 04/2009 traz como uma das atribuições do professor de AEE a elaboração e execução do plano de atendimento especializado[12], avaliando a funcionalidade e aplicabilidade dos recursos pedagógicos e de acessibilidade. O documento não explicita, no entanto, como e por meio de quais instrumentos o professor poderia avaliar a funcionalidade e aplicabilidade dos recursos pedagógicos.

A coleção "A Educação Especial na Perspectiva da Inclusão Escolar" no Fascículo II (Gomes, 2010) traz que a avaliação do estudante com necessidades educacionais especiais deve ser realizada pelo professor da SRM, levando em consideração a observação desse em três espaços (a sala de aula regular, a SRM e a família do estudante) considerando seis aspectos principais:

> [...] desenvolvimento intelectual e funcionamento cognitivo; a expressão oral; o meio ambiente; as aprendizagens escolares; o desenvolvimento afetivo-social e as interações sociais; os comportamentos e atitudes em situação de aprendizagem e o desenvolvimento psicomotor. (Gomes, 2010, p. 10).

Conforme Glat e Pletsch (2013), os documentos oficiais trazem uma concepção de avaliação pedagógica voltada para a identificação de barreiras que impeçam ou dificultem o processo educativo do estudante público-alvo da Educação Especial. A identificação das barreiras, segundo as autoras, é realizada por meio da avaliação do nível de desenvolvimento e das condições pessoais do estudante em três contextos distintos: o escolar, o familiar e aquele apresentado no AEE.

Costa (2021), ao analisar o documento oficial da Política Nacional de Educação Especial na Perspectiva da Educação Inclusiva (Brasil, 2020b), identificou que não havia especificações acerca da avaliação. Já a cartilha da Política Nacional de Educação Especial Equitativa, inclusiva e com aprendizado ao longo da vida (Brasil, 2020a), publicada pela Secretaria de Modalidades Especializadas de Educação, traz especificações sobre a avaliação. Nesse documento há a indicação da avaliação baseada em evidências, segundo o documento, a avaliação baseada em evidências está fundamentada em conhecimentos oriundos de pesquisas científicas, conduzidas com metodologia rigorosa, possibilitando a identificação de métodos e práticas eficientes para suas práticas no cotidiano escolar (Brasil, 2020a). Aponta ainda que:

---

[12] Com base na Nota técnica nº 11/2010, o documento é denominado de Plano de AEE.

> É necessário conscientizar os docentes que atuam na educação especial sobre a necessidade de conhecer as práticas que já foram validadas cientificamente e, de igual modo, levá-los a atuar com a perspectiva de que os resultados do seu trabalho precisam ser avaliados, buscando as evidências que atestam o êxito de suas intervenções. Assim, experiências exitosas merecem ser divulgadas e replicadas. (Brasil, 2020a, p. 37).

Anache e Resende (2016) identificaram em sua pesquisa que os professores da SRM ao avaliarem seus estudantes não seguiam um protocolo padrão, o que acabava gerando dados que não poderiam ser comparados ou replicados, pois o percurso da avaliação mudava e não seguia um roteiro predefinido. Pasian, Mendes e Cia (2017) também identificaram grande diversidade de formas de avaliar, seja pela definição dos instrumentos, seja por conteúdos abordados, gerando aquilo que indicaram como arbitrariedade e subjetividade no processo de decisão sobre os resultados da avaliação.

Apesar da distinção de conceitos referentes à avaliação, os documentos analisados indicam que a avaliação e o atendimento educacional especializado estarão alicerçados num plano. Segundo Glat, Vianna e Redig (2012), há distintas formas e estruturas para esse plano, geralmente esse contém as informações básicas dos estudantes, aprendizagens consolidadas, as dificuldades encontradas, os objetivos para esse estudante, metas, prazos, recursos ou adaptações curriculares necessárias e os profissionais envolvidos na sua elaboração.

Já para Magalhães, Cunha e Silva (2013, p. 57), as características comuns a esses planos são relativas à elaboração e à aplicação, constituindo-se de "um registro escrito, formulado em equipe, preferencialmente com a participação da família e, quando possível, do próprio aluno". Em Poker *et al.* (2013, p. 22) temos que a partir dos dados coletados no processo de avaliação, o professor da SRM irá desenvolver o plano, que possui como objetivo "atender às necessidades de cada aluno, de forma a superar ou compensar as barreiras de aprendizagem diagnosticadas, tanto no âmbito da escola, sala de aula e família como também do próprio aluno".

A definição e a nomenclatura desse plano se alteram em alguns documentos oficiais. No processo de identificação das nomenclaturas empregadas pelos documentos e autores que embasam esta pesquisa, identificou-se duas concepções distintas de plano, um é criado pela equipe pedagógica da escola e o outro é elaborado pelo professor da SRM.

No que diz respeito ao plano que é elaborado de forma coletiva apresentam-se duas concepções distintas nos documentos oficiais, temos duas nomenclaturas e duas descrições distintas, conforme o Quadro 8.

Quadro 8 – Lista de definições do plano construído coletivamente

Plano do AEE	Apresenta a identificação das necessidades educacionais específicas dos alunos, definição dos recursos necessários e das atividades a serem desenvolvidas.	Resolução nº 04/2009
Planos de desenvolvimento individual e escolar	Contempla informações sobre o processo escolar nos seguintes aspectos: frequência, envolvimento do estudante nas atividades propostas, serviços, recursos e estratégias utilizados, desenvolvimento curricular, registro de progressos e de demandas educacionais, trajetória escolar e outros tópicos pertinentes.	Política Nacional de Educação Especial Equitativa, inclusiva e com aprendizado ao longo da vida (Brasil, 2020a)

Fonte: elaborado pela autora

Sobre sua elaboração, a Resolução nº 04/2009 traz que a elaboração do Plano do AEE é uma das competências do professor da SRM, mas que deve ser construído em articulação com os demais professores do ensino regular, com participação da família e os demais serviços de saúde e assistência social a que o estudante fizer uso.

Na Política Nacional de Educação Especial Equitativa, inclusiva e com aprendizado ao longo da vida (Brasil, 2020a) quanto aos participantes, define que a elaboração, o acompanhamento e a avaliação devem envolver a escola, a família, os profissionais do Serviço de Atendimento Educacional Especializado e demais profissionais que atendam o estudante.

Como pesquisadora acabo buscando no objeto de estudo as definições e nomenclaturas utilizadas pelos sujeitos. No contexto desta pesquisa, os participantes nomeiam este documento de Plano de Adaptação Curricular (PAC), utilizaremos a nomenclatura apontada por esses, a partir deste ponto, como forma de contextualizar esta pesquisa na realidade que ela está a analisar.

O Plano de Adaptação Curricular é, portanto, o documento oficial elaborado pela equipe pedagógica da escola, onde estão apontadas as características do estudante público-alvo da Educação Especial, os aspectos pertinentes de seu estudo de caso, as habilidades, dificuldades e adaptações que venha a necessitar, o documento descreve ainda as estratégias e os instrumentos avaliativos empregados pelos professores.

Para Braun e Vianna (2010), o plano deve conter as metas a serem atingidas a curto e longo prazo. Indicam ainda que deve ser construído coletivamente para que possa alcançar sua intenção, que para eles, deve ser de otimizar a aquisição de conhecimentos e o desenvolvimento de habilidades e atitudes que favoreçam a inclusão no contexto educacional.

Macedo, Carvalho e Pletsch (2010) reforçam a importância da construção coletiva e colaborativa do plano, para que ele atenda as reais demandas de cada estudante da Educação Especial.

> Caso contrário, a inclusão com desenvolvimento social e acadêmico desse alunado corre o risco de revestir-se em exclusão intraescolar. Isto é, o aluno está na sala de aula comum, mas excluído do processo educacional (Macedo; Carvalho; Pletsch, 2010, p. 40).

Identificou-se ainda um segundo plano, esse específico do professor da sala de recursos multifuncionais, novamente a nomenclatura altera-se a depender do documento ou autor analisado. No documento "Orientações para implementação da política de Educação Especial na perspectiva da educação inclusiva" (Brasil, 2015) esse recebe o nome de Plano de Atendimento Educacional Especializado (PAEE), está indicado como uma das atribuições do professor do AEE. Este Plano deve contemplar a:

> [...] identificação das habilidades e necessidades educacionais específicas dos alunos; a definição e a organização das estratégias, serviços e recursos pedagógicos e de acessibilidade; o tipo de atendimento conforme as necessidades educacionais específicas dos alunos; e o cronograma do atendimento e a carga horária, individual ou em pequenos grupos. (Brasil, 2015, p. 124).

Já Glat, Vianna e Redig (2012) utilizam a denominação de Plano Individualizado de Ensino, definem o plano como um planejamento individualizado, que é periodicamente avaliado e revisado. Esse plano deve indicar o nível de desenvolvimento atual do estudante, considerando as habilidades, conhecimentos, idade cronológica, nível de escolarização, além dos objetivos educacionais almejados a curto, médio e longo prazos, além das expectativas da família e do próprio estudante (Glat; Vianna; Redig, 2012).

Magalhães, Cunha e Silva (2013) definem que a partir de um planejamento individualizado, é possível promover estratégias pedagógicas específicas para o desenvolvimento de estudantes público-alvo da Educação

Especial nas áreas acadêmicas e de habilidades sociais, utilizam a nomenclatura Plano Educacional Individualizado (PEI), para denominar esse instrumento, o Quadro 9 traz as nomenclaturas apontadas pelas autoras em sua pesquisa.

Quadro 9 – Nomenclaturas do plano construído pelo professor da SRM

Nomenclatura	Autor
Plano de Desenvolvimento Psicoeducacional Individualizado	Cruz, Mascaro e Nascimento, 2011
Plano de Ensino Individualizado	Correia, 1999
Planejamento Educacional Especializado	Valadão, 2010
Plano Educacional Individualizado	Vianna et al., 2011

Fonte: adaptado pela autora de Magalhães, Cunha e Silva (2013)

    Em 2010, foi oferecido um Curso de Especialização em Atendimento Educacional Especializado, na modalidade a distância, em parceria da Universidade Estadual de São Paulo (Unesp) com o Ministério da Educação (MEC), nesse curso de formação de professores para atuar em serviços educacionais especializados o documento a ser elaborado pelo professor do AEE é denominado de Plano de Desenvolvimento Individual (PDI) (Poker et al., 2013).

> A partir dos dados coletados no processo de avaliação, o professor da sala de recursos irá elaborar e desenvolver o PDI, que tem como objetivo atender às necessidades de cada aluno, de forma a superar ou compensar as barreiras de aprendizagem diagnosticadas, tanto no âmbito da escola, sala de aula e família como também do próprio aluno. Somente uma avaliação detalhada das competências de aprendizagem, capaz de coletar dados sobre as dificuldades do aluno, no que tange aos processos cognitivos subjacentes aos diferentes conteúdos, bem como aos aspectos sociais, familiares, emocionais e escolares, é que permite, de fato, planejar estratégias pedagógicas individualizadas, para promover o seu desenvolvimento. Avaliação e intervenção passam a se relacionar diretamente. (Poker et al., 2003, p. 22).

    Identifica-se, portanto, que apesar de distintas nomenclaturas, há um consenso com relação às suas características básicas, que consiste num registro escrito avaliativo, que busca respostas educativas mais adequadas para as necessidades educacionais especiais apresentadas pelos estudantes com necessidades educacionais especiais (Magalhães; Cunha; Silva, 2013). Glat, Pletsch (2013) consideram a utilização do PEI recente no país, com poucos estudos sobre a elaboração e aplicabilidade na realidade brasileira, segundo as autoras, essa proposta pode ser encontrada em vários países. Como nesta obra o foco está em analisar os aspectos da realidade dos participantes não me aprofundei nos aspectos do PDI de outros países.

Na Política Nacional de Educação Especial Equitativa, inclusiva e com aprendizado ao longo da vida (Brasil, 2020a) há a indicação do Plano de Ensino Individual (PEI). O documento define esse como um instrumento do planejamento pedagógico, referindo-se às adaptações feitas para que se garanta a qualidade na formação escolar, atendendo às singularidades dos estudantes. Um aspecto interessante na proposta desse documento é que o Plano de Ensino Individual deve ser construído pelo professor regente, com apoio dos professores do serviço de atendimento educacional especializado. Nesse documento não há indicação do plano que o professor da SRM deve elaborar.

Os professores da SRM participantes desta pesquisa indicaram a nomenclatura de Plano de Desenvolvimento Individual (PDI), utilizaremos, portanto, essa ao nos referirmos ao documento. Com base nos aspectos e características indicados pelos professores, a definição de Poker *et al.* (2013, p. 21) aproxima-se mais do indicado para defini-lo:

> O PDI serve para registrar os dados da avaliação do aluno e o plano de intervenção pedagógico especializado que será desenvolvido pelo professor na Sala de Recursos Multifuncional. É constituído de duas partes, sendo a primeira destinada a informes e avaliação e a segunda voltada para a proposta de intervenção. (Poker *et al.*, 2013, p. 21).

O PDI é certamente o documento mais importante para o professor da SRM, visto que este delineia sua atuação (Poker *et al.*, 2003). As necessidades individuais do estudante público-alvo da Educação Especial são a base para a elaboração desse (Braun; Vianna, 2010), para coletar os dados para compor o PDI o professor da SRM realizará um estudo de caso de cada estudante a ser atendido (Poker *et al.*, 2003). Nessa coleta de dados para a elaboração do PDI faz-se necessário ter avaliações pedagógicas sistematizadas, que venham a fundamentar as metas acadêmicas, os objetivos e os recursos a serem empregados no processo de aprendizagem do estudante com necessidades educacionais especiais (Glat; Pletsch, 2013).

Entende-se aqui estudo de caso no atendimento educacional especializado a partir da definição de Gomes (2010, p. 9): "o estudo de caso se faz através de uma metodologia de resolução de problema, que identifica a sua natureza e busca uma solução". O estudo de caso para essa finalidade constitui-se de uma avaliação diagnóstica, que posteriormente orientará a proposta do plano (Batista; Gonçalves; Andrade, 2015).

A avaliação deve compreender o nível de desenvolvimento e aprendizagem do estudante, considerar o que ele já sabe para que se possa determinar os aspectos que carecem de desenvolvimento (Glat; Vianna; Redig, 2012). A avaliação se efetiva por meio do estudo de caso, nesse busca-se construir um perfil do estudante que possibilite a elaboração de um PDI que trace um plano de intervenção com metas e objetivos (Gomes, 2010). No estudo de caso também poderão ser identificados os recursos e articulações necessárias com o ensino regular, a família e outros setores (Mendes; Pletsch; Hostins, 2019).

Ao realizar a avaliação pedagógica, na SRM, o professor deve objetivar conhecer o ponto de partida e o ponto de chegada do estudante (Batista; Mantoan, 2006). A avaliação, nesse sentido torna-se imprescindível para que o professor da SRM inicie o seu trabalho (Poker *et al.*, 2013). Identificar os conhecimentos que o estudante já possui define o ponto de partida do processo de ensinar, sendo a base para a ampliação e aquisição de novos conhecimentos (Brasil, 2000b).

3.1 AVALIAÇÃO PARA IDENTIFICAÇÃO DE DIFICULDADES DE APRENDIZAGEM

Outra avaliação pedagógica é a diagnóstica, que é realizada com estudantes que estejam apresentando dificuldades educacionais, num sentido geral, dificuldades de aprendizagem, mas não é incomum que estudantes sejam encaminhados para avaliação com o professor da SRM por dificuldades comportamentais (Voltolini; Almeida, 2014). O professor do ensino regular realizará o encaminhamento, solicitando a avaliação diagnóstica do estudante, essa avaliação normalmente é realizada pelo profissional da Educação Especial da instituição, na maioria dos casos, o professor da SRM, mas já há algumas realidades em que psicopedagogos, psicólogos escolares e neuropsicopedagogos institucionais estejam a realizar essa avaliação diagnóstica. No caso de ser o professor da SRM que realizará a avaliação pedagógica, essa objetiva definir o tipo de atendimento que o estudante necessita (Voltolini; Almeida, 2014), caso a avaliação indique alguma dificuldade de aprendizagem ou indício de transtorno.

Ao final da avaliação pedagógica de diagnóstico, o caso é discutido com a equipe pedagógica da escola e, a partir desse diálogo, são realizados os encaminhamentos para avaliação com equipe multiprofissional (profissionais da área da saúde) ou encaminhamento para atendimento na sala de recursos multifuncional, caso o estudante necessite.

Aguiar e Vendruscolo (2018) apontam que o diagnóstico precoce de crianças que apresentam um perfil com alterações ou problemas de aprendizagem possibilita um melhor prognóstico para o desenvolvimento do estudante. Para Assis *et al.* (2020), a avaliação diagnóstica possibilita a detecção dos estudantes em risco e a identificação das dificuldades que apresentam.

Na Política Nacional de Educação Especial Equitativa, inclusiva e com aprendizado ao longo da vida (Brasil, 2020a), a identificação de estudantes que necessitem de serviços e recursos da Educação Especial está colocada como uma responsabilidade das unidades de ensino. Indica que essa identificação se dá por meio de processo avaliativo biopsicossocial escolar, a definição de avaliação biopsicossocial não foi encontrada nesse documento.

Ao analisar a Lei Brasileira de Inclusão da Pessoa com Deficiência nº 13.146/2015 (Brasil, 2015), no Art. 2º temos que a avaliação da deficiência será biopsicossocial, a ser realizada por equipe multiprofissional e interdisciplinar. Esses profissionais levarão em consideração os impedimentos nas funções e nas estruturas do corpo; os fatores socioambientais, psicológicos e pessoais; a limitação no desempenho de atividades; e a restrição de participação. Define ainda que o Poder Executivo criará instrumentos para a avaliação da deficiência (Brasil, 2015).

Na busca por uma definição do que seria essa avaliação biopsicossocial na Classificação Internacional da Funcionalidade, Incapacidade e Saúde (Organização Mundial de Saúde, 2003, p. 19) temos que:

> Para se obter a integração das várias perspectivas de funcionalidade é utilizada uma abordagem 'biopsicossocial'. Assim, a CIF tenta chegar a uma síntese que ofereça uma visão coerente das diferentes perspectivas de saúde: biológica, individual e social. (Organização Mundial de Saúde, 2003, p. 19).

Como esse documento também não especifica o que realmente seria a avaliação biopsicossocial, realizei uma busca nos documentos publicados no portal do governo federal[13], no conjunto de resultados houve a indicação do Decreto nº 10.145/2020, que instituiu o Grupo de Trabalho Interinstitucional sobre o Modelo Único de Avaliação Biopsicossocial da Deficiência, esse é composto por representantes do: Ministério da Mulher, da Família e dos Direitos Humanos; do Ministério da Economia; do Ministério da Cidadania; do Ministério da Saúde; da Advocacia-Geral da União; e do Conselho Nacional dos Direitos da Pessoa com Deficiência. O objetivo desse grupo de trabalho é elaborar um modelo único de avaliação biopsicossocial da deficiência.

No Portal do Ministério da Mulher, da Família e dos Direitos Humanos[14] há uma definição da avaliação biopsicossocial da deficiência como uma forma de identificar as pessoas que possuam impedimentos de longo prazo seja de natureza física, mental, sensorial ou intelectual. O objetivo dessa avaliação seria facilitar o acesso a políticas públicas, o texto foi publicado em abril de 2021, e indica que a avaliação ainda está em fase de elaboração. O sítio indica que o instrumento-base utilizado para a elaboração do modelo único de avaliação será o Índice de Funcionalidade Brasileiro Modificado, esse instrumento de avaliação irá categorizar a deficiência leve, moderada ou severa ou a ausência de deficiência.

Como forma de atualizar essa informação busquei novamente o sítio em questão, o conteúdo da página constava como restrito. Numa busca pelo Ministério dos Direitos Humanos e da Cidadania tive acesso ao relatório final do Grupo de Trabalho interinstitucional sobre o modelo único de avaliação biopsicossocial da deficiência[15] na relação de documentos consta no documento 13, a "Proposta para o instrumento e o modelo único de avaliação da deficiência". Como esse documento apresenta um conjunto de informações acerca da avaliação de deficiências, não realizo a análise desse instrumento neste livro, mas aponto fortemente que o profissional da Educação Especial busque inteirar-se e conhecer esse que é apontado como um instrumento de avaliação biopsicossocial da deficiência.

---

[13] A busca foi realizada no campo de busca do site do governo federal com a palavra-chave "biopsicossocial". Disponível em: https://www.gov.br/pt-br. Acesso em: 17 out. 2021.

[14] Disponível em: https://www.gov.br/mdh/pt-br/navegue-por-temas/pessoa-com-deficiencia/acoes-e-programas/avaliacao-biopsicossocial-da-deficiencia. Acesso em: 17 out. 2021.

[15] Disponível em: https://www.gov.br/mdh/pt-br/navegue-por-temas/pessoa-com-deficiencia/publicacoes/relatorio-final-gti-avaliacao-biopsicossocial. Acesso em: 9 abr. 2023.

A Política Nacional de Educação Especial Equitativa, inclusiva e com aprendizado ao longo da vida (Brasil, 2020a, p. 46) aponta que:

> É necessário identificar na escola, o mais cedo possível, o estudante que demanda recursos da educação especial, por meio de **processos avaliativos** que integrem a equipe escolar, geralmente coordenada pelo gestor da escola, assistente ou coordenador pedagógico. Essa avaliação visa à eliminação ou minimização de barreiras à aprendizagem, ao desenvolvimento e à participação do estudante, possibilitando medidas preventivas com objetivo de garantir igualdade nas condições de acesso, permanência e aprendizado ao longo da vida. (Brasil, 2020a, p. 46, grifo nosso).

A referida Lei não indica em nenhum momento a atuação do professor da SRM na avaliação e identificação de estudantes que demandem recursos da Educação Especial. Apesar disso, Batista e Mantoan (2006); Oliveira (2010); Heredero (2010); Voltolini e Almeida (2014) e Ferrandini e Silveira (2018) entre outros, apontam a avaliação diagnóstica realizada pelo professor da SRM para identificação de estudantes que apresentam dificuldades de aprendizagem.

A avaliação realizada na SRM com estudantes que estejam apresentando dificuldade de aprendizagem no ensino regular, segundo Glat e Kadlec (1989), será a identificação de onde estão ocorrendo as falhas, para que se possa determinar as estratégias a fim de corrigi-las ou minimizá-las.

Conforme o Parecer do CEED nº 56/2006, após realizar a avaliação diagnóstica do estudante encaminhado pelo ensino regular, o professor da SRM irá, com a equipe pedagógica da escola, elaborar o parecer descritivo do estudo de caso desse estudante. Esse documento define que a equipe pedagógica é constituída pelo professor, orientador educacional, supervisor educacional e um membro da equipe diretiva da escola, é, portanto, a equipe pedagógica que define a necessidade ou não de atendimento pedagógico especializado, ou o encaminhamento para avaliação com equipe multiprofissional.

Nas "Orientações para implementação da política de Educação Especial na perspectiva da educação inclusiva" o atendimento educacional especializado é caracterizado como atendimento pedagógico e não clínico, portanto, o laudo médico "não se trata de documento obrigatório, mas, complementar, quando a escola julgar necessário. O importante é que o direito das pessoas com deficiência à educação não poderá ser cerceado pela exigência de laudo médico" (Brasil, 2015, p. 57).

Apesar dessa orientação, Pasian, Mendes e Cia (2017) identificaram no relato dos professores de SRM participantes de sua pesquisa que os estudantes atendidos na SRM, em sua maioria (68%), possuíam laudo, o que indica que a maioria dos estudantes que estão a aguardar o laudo médico da equipe multiprofissional não estão sendo atendidos na SRM (Pasian; Mendes; Cia, 2017). Já Anache e Resende (2016) e Bridi (2012) identificaram que professores da SRM atendiam estudantes sem o laudo médico de equipe multiprofissional, baseavam-se apenas nas avaliações pedagógicas para estabelecer a inclusão na SRM.

Por se tratar de um atendimento educacional, realizado na escola regular, sem viés clínico (Brasil, 2015) o professor da SRM ao realizar a avaliação pedagógica não irá "laudar" deficiências ou transtornos. Visto que, a definição de transtornos e deficiências, assim como a elaboração de laudo médico, é realizada apenas por profissionais da saúde, seja utilizando instrumentos avaliativos normatizados ou não.

> A administração de testes psicológicos, dentre outros procedimentos, tem feito parte da avaliação, qualificada como diagnóstica; o uso desses instrumentos, de referência normativa, é exclusivo de psicólogos (Brasil, 2006, p. 25).

Dessa forma, ao realizar a avaliação diagnóstica e discutir o estudo de caso resultante dessa com a equipe pedagógica, essa poderá indicar a necessidade de atendimento em sala de recursos multifuncionais, ou encaminhamento para avaliação ou atendimento com outros profissionais, visto que o objetivo da avaliação não é identificação ou qualificação de algum transtorno ou deficiência, mas, sim, a identificação de barreiras que impossibilitem a aprendizagem e as habilidades desenvolvidas pelo estudante.

Ao propor uma concepção de avaliação pedagógica que busca identificar barreiras, que impeçam ou prejudiquem o aprendizado do estudante público-alvo da Educação Especial, cabe analisar quais instrumentos o professor da SRM terá para realizar essa identificação. Poker *et al.* (2013) indicam que o professor da SRM deve realizar a avaliação pedagógica de todos os estudantes do AEE, pois o laudo pode ser antigo ou o estudante pode ter apresentado evolução.

Conforme a cartilha "Dificuldades acentuadas de aprendizagem ou limitações no processo de desenvolvimento" (Tristão, 2006), a avaliação do desenvolvimento de estudantes é um procedimento complexo, seja pela escolha de qual instrumento de avaliação será empregado ou a elaboração de técnicas de medida devido às necessidades específicas do estudante.

Para Batista e Mantoan (2006, p. 65), na avaliação utilizam-se distintos instrumentos "como relatórios semestrais com observações individuais e coletivas, além dos portfólios onde estão contidas todas as observações e construções dos alunos durante a execução das atividades". Novamente há forte indicação para o uso das observações como base da avaliação, o que dificulta o aspecto de práticas baseadas em evidências apontado na cartilha da Política Nacional de Educação Especial Equitativa, inclusiva e com aprendizado ao longo da vida (Brasil, 2020a).

Gomes (2010, p. 10) traz que o professor da SRM "deve observar a organização e a gestão da sala de aula, o recreio, as brincadeiras, as atividades realizadas na biblioteca e no laboratório de informática." Após essas observações com base nas informações coletadas o professor da SRM constrói o perfil do estudante, assim como identifica a natureza da dificuldade que mobilizou o encaminhamento para a avaliação (Gomes, 2010). Para essa autora, após observar o estudante com necessidades educacionais especiais na escola, e na família, o professor da SRM será capaz de construir o perfil desse, além de identificar a dificuldade que mobilizou o encaminhamento. Importante ressaltar que não há indicações de instrumentos avaliativos, apenas a observação.

No decorrer das pesquisas para a elaboração da dissertação e da escrita deste livro não encontrei um protocolo com as etapas da avaliação pedagógica publicado pelo Ministério da Educação. Existem alguns apontamentos acerca da avaliação pedagógica da sala de recursos multifuncionais. A Nota Técnica nº 06/2011- MEC/SEESP/GAB traz que há diversas possibilidades quanto aos instrumentos e práticas avaliativas. O documento indica a possibilidade de fazer observações com ou sem registro, a elaboração de fichas descritivas, relatórios individuais, caderno ou diário de campo. Aponta ainda a possibilidade de construção de portfólios, da autoavaliação ou da realização das provas operatórias (MEC, 2011).

Para Weiss (2012, p. 106), as provas operatórias desenvolvidas por Piaget e colaboradores "têm como objetivo principal determinar o grau de aquisição de algumas noções chave do desenvolvimento cognitivo, detectando o nível de pensamento alcançado pela criança, ou seja, o nível de estrutura cognitiva que opera". Por meio da aplicação das provas pode-se avaliar o estágio de desenvolvimento da criança quanto às noções de conservação e as operações lógicas de classificação e seriação.

Para Tristão (2006, p. 24),

> [...] ao escolher as provas piagetianas para avaliação da estrutura de raciocínio de uma criança, deve-se ter clareza do que significam os pressupostos teóricos dessas provas e sua importância e adequação para essa criança em especial.

Aponta ainda que por detrás de cada instrumento existe uma rede conceitual e teórica sobre o desenvolvimento infantil e os fatores influenciadores.

Pasian, Mendes e Cia (2017) observaram em sua pesquisa que a maioria dos professores de sala de recursos pesquisados afirmou haver um protocolo de avaliação dos estudantes. Mas, no decorrer de sua pesquisa, observaram não haver esse protocolo institucionalizado, mas um protocolo criado pelo próprio professor. Identificaram ainda que esse era modificado durante as avaliações.

Para Baptista (2019), a imprecisão diagnóstica, associada às tipologias de instrumentos e às metodologias de avaliação geram um contingente de estudantes identificados como deficientes intelectuais encaminhados para a Educação Especial, mais especificamente para as classes especiais. O autor aponta ainda a limitação de instrumentos de diagnóstico e o encaminhamento arbitrário como potencializadores do grande índice de deficientes intelectuais.

Jelinek (2013) identificou que nenhum teste era aplicado no processo de identificação de estudantes com altas habilidades, apenas observações, nomeações e entrevistas. Aponta ainda que a bibliografia que fundamenta a legislação brasileira, assim como as pesquisas analisadas indicam o uso de testes de quociente de inteligência (QI), "tal método é veementemente desaconselhado pelos documentos do MEC, pois eles não permitem que se meça a produtividade criativa dos indivíduos, bem como sua tendência à originalidade" (Jelinek, 2013, p. 65).

A utilização de instrumentos avaliativos é antiga no campo da pesquisa, os testes psicométricos, como o teste de inteligência de Binet, avaliam a normalidade do estudante comparando seu quociente intelectual (QI) com o de crianças da mesma faixa etária (Veltrone; Mendes, 2011). "O teste de QI foi estruturado por Binet e Simon, em 1905, a pedido do Ministro de Instrução Pública da França, e está relacionado com a tradicional visão de inteligência, que valoriza apenas as áreas linguística e lógica" (Jelinek, 2013, p. 44). Oliveira (2010) indica que desde 1992 utiliza-se fatores diagnósticos que extrapolam os índices do quociente de inteligência, apesar de o índice ainda estar previsto no Cid-10 e no DSM V.

Com relação à escolha de instrumentos, o DSM V traz que se deve considerar a adequação do instrumento ao indivíduo, observando a bagagem sociocultural, o nível cognitivo, as deficiências associadas, a motivação e a cooperação (APA, 2013). Para Oliveira (2010), a definição de critérios e a elaboração de indicadores de avaliação são elementos que facilitam grandemente a prática do professor ao avaliar. Aponta ainda que ao se elaborar instrumentos de avaliação há de se ter um intenso cuidado ao se definir os critérios, evidências ou os indicadores de avaliação.

Para Glat e Kadlec (1989), os testes padronizados costumam dar informações apenas sobre áreas específicas, não permitindo a identificação de detalhes sobre os quais a prática pedagógica poderá atuar. Além de indicarem que em muitas situações o comportamento da criança no ambiente escolar não corresponde ao comportamento apresentado no momento da testagem.

Na busca por instrumentos para a avaliação pedagógica realizei busca no Sistema de Avaliação de Testes Psicológicos-SATEPSI[16], o portal não apresenta protocolos específicos para professores de sala de recursos multifuncionais. Na aba "lista do SATEPSI", estão disponibilizadas duas abas suspensas com os instrumentos que o psicólogo pode usar e aqueles não recomendados, denominados de não favoráveis. No subitem dos instrumentos que o psicólogo pode usar estão relacionados os instrumentos não privativos do psicólogo[17]. Há 20 instrumentos não privativos aprovados pelo Conselho Federal de Psicologia para uso de profissionais que não sejam psicólogos.

Os instrumentos não privativos referem-se a testes, escalas, inventários, questionários e métodos projetivos/expressivos que podem ser utilizados como um instrumento adicional na avaliação psicológica (realizada por psicólogo), mas não são restritos a esses profissionais. Desde 2003 o SATEPSI tem definido os critérios de seleção de testes psicológicos, regulamentando os instrumentos que podem ser utilizados somente por psicólogos e quais podem ser utilizados por psicólogos e outros profissionais (Queiroga; Abreu, 2019).

---

[16] Disponível em: http://satepsi.cfp.org.br/testesNaoPrivativos.cfm. Acesso em: 2 jun. 2020.
[17] Testes não privativos são instrumentos de avaliação fundamentados em literatura científica, validados e aprovados pelo Conselho Federal de Psicologia, que é o órgão regulador do SATEPSI.

Não havendo um protocolo formal/oficial, apontando os instrumentos e a metodologia utilizada na avaliação pedagógica, o professor da SRM acaba por utilizar distintas estratégias com cada estudante avaliado (Anache; Resende, 2016). Ao elaborar o estudo de caso valerão seus apontamentos e as conclusões que esse obteve, para a partir desses elaborar o PDI. Os textos legais são imprecisos no que tange aos planos e às propostas educacionais (Linhares, 2016).

Esse aspecto subjetivo da avaliação, aliado a evidências genéticas, epidemiológicas e neurobiológicas que fundamentam os transtornos de aprendizagem levam muitos professores da SRM a considerarem a avaliação de habilidades acadêmicas por meio de testes psicométricos (Rezende, 2013). Visto que esses lhes apresentam mais segurança e evidências quanto aos resultados.

Para Glat e Kadlec (1989, p. 64), "testar é: expor um indivíduo a um conjunto de questões específicas, a fim de obter um escore. Este escore é então o produto final da testagem". No documento "Saberes e práticas da inclusão" (Brasil, 2006) vemos uma definição muito parecida com a das autoras para teste; nesse documento teste pode ser considerado um conjunto de questões ou tarefas para determinação de comportamentos, analisados em um escore. Testar nessa concepção é, portanto, expor uma pessoa a questões com objetivo de obter um escore que foi elaborado a partir da comparação de muitas outras pessoas à essa mesma situação (Brasil, 2006). Cruz (2015, p. 46) resume a concepção de teste:

> Por teste compreende-se uma modalidade de medição (prova). Sua finalidade é medir as diferenças entre diversos sujeitos com relação à determinada característica ou medir o comportamento de um mesmo indivíduo em diferentes ocasiões. Chama-se de bateria o instrumento composto por um conjunto de testes. (Cruz, 2015, p. 46).

A utilização de instrumentos avaliativos é ponto de controvérsias na seara da SRM, alguns profissionais acreditam que os instrumentos são utilizados de forma a rotular o estudante, buscando encaixá-lo num perfil esperado de normalidade. Corroboro com a concepção de Leal e Nogueira (2012) que apontam que existem profissionais que acreditam que instrumentos de avaliação são um recurso para entender o funcionamento cognitivo e nortear a intervenção (Leal; Nogueira, 2012). Segundo Veltrone e Mendes (2011), tanto as teorias, como os instrumentos e os profissionais que atuam na avaliação devem estar calcados em objetivos pedagógicos. Os instrumentos de avaliação padronizados, disponíveis à venda como instrumentos não privativos não são descartados pelo Ministério da Educação, há, no entanto, apontamentos acerca dos subsídios que fornecem para a prática pedagógica (Brasil, 2015). Há a sugestão para que as equipes de pedagógicas construam seus próprios instrumentos avaliativos (Brasil, 2006).

Nesse sentido, Veltrone e Mendes (2011) também trazem da importância de construção de instrumentos avaliativos. "Os instrumentos de avaliação devem informar o desenvolvimento atual da criança, a forma como ela enfrenta determinadas situações de aprendizagem, os recursos e o processo que faz uso em determinada atividade" (Voltolini; Almeida, 2014, p. 5).

Há de se frisar que a avaliação pedagógica da SRM tem por objetivo delinear os aspectos que serão trabalhados nos atendimentos educacionais especializados, que estarão apontados no PDI do público-alvo da Educação Especial. Da mesma forma, os aspectos identificados na avaliação pedagógica subsidiarão a elaboração do Plano de Adaptação Curricular com os demais profissionais da escola. O comprometimento de todos os professores, num planejamento e trabalho coletivo, aliados a conhecimentos teórico-práticos, com estratégias e metodologias de ensino, além da avaliação, permitem o acompanhamento do desenvolvimento de cada estudante (Linhares, 2016).

De nada adiantaria o professor da SRM conhecer e identificar as habilidades e dificuldades do estudante com necessidades educacionais especiais sem que se promovesse uma proposta de intervenção a partir dessa identificação (Corso; Meggiato, 2019). Temos, pois, que:

> [...] o principal papel da avaliação é dar indicação de conteúdos ou processos ainda não aprendidos pelo aluno que devem ser retomados em nosso processo de ensinar. Tais informações, esclarecidas por meio de um processo responsável de avaliação contínua, permitem que reajustemos constantemente nosso plano e nossas ações de ensino de forma a atender às necessidades dos alunos em seu processo de aprender. (Brasil, 2000, p. 22).

A avaliação pedagógica realizada pelo professor da SRM deve, além de identificar as barreiras que estão impedindo ou prejudicando a sua aprendizagem, identificar as suas habilidades, os conhecimentos já construídos (Brasil, 2015). Com base nessa avaliação, e em se tratando de um estudante público-alvo da Educação Especial, em parceria com a equipe pedagógica da escola, será construído o Plano de Adaptação Curricular desse. O professor da SRM orientará seu trabalho de intervenção nos atendimentos educacionais especializados no Plano de Desenvolvimento Individual do estudante, e com reavaliações constantes, poderá identificar as áreas e habilidades que estão apresentando progresso, assim como as que ainda se apresentam como barreiras e carecem de maior intervenção.

3.2 DISTINGUINDO TRANSTORNOS E DEFICIÊNCIAS DE DIFICULDADES DE APRENDIZAGEM

Considerando a atuação do professor da SRM, seja avaliando estudantes encaminhados pelo ensino regular, seja atendendo aqueles que já frequentam a SRM, mostra-se importante distinguir as dificuldades e os transtornos e deficiências de aprendizagem. "Termos como 'dificuldades', 'problemas', 'discapacidades', 'transtornos', 'distúrbios' vêm sendo usados indistintamente na literatura e pelos diferentes especialistas ligados ao tema, muitas vezes para designar problemas diferentes" (Moojen, 2004, p. 246).

Para Ferrandini e Silveira (2018), o termo dificuldade de aprendizagem tem sido utilizado para caracterizar o fracasso escolar ou a não aprendizagem dos estudantes. Muitos estudantes com dificuldade de aprendizagem são erroneamente classificados como desinteressados, preguiçosos ou com baixa inteligência (Ferrandini; Silveira, 2018). O documento do Ministério da Educação — Saberes e práticas da inclusão: Avaliação para identificação das necessidades educacionais especiais (2006) indica que:

> [...] a presença da deficiência não implica, sempre, em dificuldades de aprendizagem. De outro lado, inúmeros alunos apresentam distúrbios de aprendizagem sem serem, necessariamente, portadores de deficiência. Mas, ambos os grupos têm necessidades educacionais especiais, exigindo recursos que não são utilizados na "via comum" da educação escolar, para alunos das mesmas idades. (Brasil, 2006, p. 32).

Esse documento traz uma concepção de Educação Especial inclusiva a qual aponta que todo estudante com necessidades educacionais especiais (incluindo aqui as dificuldades e deficiências) deve receber recursos para que possa superar as barreiras e desenvolver sua aprendizagem. Nessa perspectiva, os recursos seriam aplicados com todos os estudantes, não somente com os estudantes diagnosticados ou identificados em suas dificuldades.

A presença de dificuldades de aprendizagem não implica necessariamente um transtorno (Ohlweiler, 2016). Sônia Moojen (2004) estabelece a seguinte definição para as dificuldades de aprendizagem, para ela as dificuldades podem ser de percurso, ou secundárias a outros distúrbios. Denomina as dificuldades de percurso como naturais, vivenciadas por todos em alguma matéria ou momento da vida escolar (Moojen, 2004). Podem ser causadas pelo fato de o estudante não receber as condições adequadas para sua aprendizagem, também se incluem os problemas psicológicos (Ohlweiler, 2016).

As dificuldades de aprendizagem secundárias a outros distúrbios são caracterizadas como secundárias, pois o estudante já apresenta algum quadro diagnóstico que prejudica seu desenvolvimento, e esse prejuízo estende-se à sua aprendizagem (Moojen, 2004). "Tais como alterações das funções sensoriais, doenças crônicas, transtornos psiquiátricos, deficiência mental e doenças neurológicas" (Ohlweiler, 2016, p. 107). No conjunto da tríade de sujeitos público-alvo da Educação Especial temos estudantes com deficiência, transtornos globais do desenvolvimento e altas habilidades ou superdotação sendo que essa caracteriza-se como um conjunto de transtornos do neurodesenvolvimento. "Nessa subcategoria estão incluídos os portadores de deficiência mental, sensorial, e aqueles com quadros neurológicos mais graves ou com transtornos emocionais significativos" (Moojen, 2004, p. 247).

Temos aqui então duas definições bem claras, na primeira, denominada por Moojen (2004) de dificuldades de percurso, dificuldades primárias que ocorrem e podem ser superadas com novas metodologias de ensino, melhora do ambiente escolar ou familiar, nutrição adequada, enfim, são dificuldades momentâneas e passageiras. Já as dificuldades secundárias estão ligadas a outros aspectos, como alterações sensoriais, doenças, transtornos, deficiências, ou seja, o estudante apresenta um quadro clínico de alguma alteração e a dificuldade de aprendizagem é um fator secundário causado ou gerado em função de sua condição.

Os transtornos podem ser caracterizados como alterações nos padrões típicos de aquisição de habilidades por estarem associados a aspectos neurobiológicos, são, portanto, mais persistentes, podendo não apresentar evolução significativa (Corso; Meggiato, 2019). Os transtornos são mais complexos "[...] pois medidas gerais de suporte não são suficientes para corrigir o problema, fazendo-se necessária a instituição de suporte específico, sendo que mesmo assim o problema ainda pode persistir" (Rezende, 2013, p. 4). Conforme Ohlweiler (2016, p. 108),

> Os transtornos da aprendizagem compreendem uma inabilidade específica, como de leitura, escrita ou matemática, em indivíduos que apresentam resultados significativamente abaixo do esperado para seu nível de desenvolvimento, escolaridade e capacidade intelectual. (Ohlweiler, 2016, p. 108).

Os transtornos da aprendizagem têm base em alterações neurofisiológicas, estruturais ou funcionais, tendo o diagnóstico atrelado à avaliação das habilidades acadêmicas realizadas e mensuradas por meio de testes psicométricos (Rezende, 2013). Os profissionais da saúde utilizam dois documentos principais para caracterizar e diagnosticar os transtornos, são eles: o "Manual diagnóstico e estatístico de transtornos mentais" — DSM V (APA, 2013) e a "Classificação dos transtornos mentais e de comportamento da CID 11[18]" (OMS, 1996). Importante ressaltar que nas instituições de ensino os profissionais da Educação Especial terão contato com estudos de caso e laudos emitidos com os códigos da CID 10 (OMS, 2019).

No DSM V (APA, 2013) os transtornos do neurodesenvolvimento são um grupo de condições com início no período de desenvolvimento.

> Os transtornos tipicamente se manifestam cedo no desenvolvimento, em geral antes de a criança ingressar na escola, sendo caracterizados por déficits no desenvolvimento que acarretam prejuízos no funcionamento pessoal, social, acadêmico ou profissional. Os déficits de desenvolvimento variam desde limitações muito específicas na aprendizagem ou no controle de funções executivas até prejuízos globais em habilidades sociais ou inteligência. É frequente a ocorrência de mais de um transtorno do neurodesenvolvimento. (APA, 2013, p. 31).

São exemplos de transtornos do neurodesenvolvimento a deficiência intelectual; o transtorno da linguagem; o transtorno do espectro autista; o transtorno específico da aprendizagem; o transtorno de déficit de atenção/hiperatividade; entre outros.

O CID 10 (OMS, 1996) indica os transtornos usualmente diagnosticados durante a infância, aponta o retardo mental, os transtornos de aprendizagem, o transtorno de coordenação motora, os transtornos da comunicação, os transtornos gerais do desenvolvimento, os transtornos do comportamento e déficit de atenção, os transtornos de alimentação da

---

[18] A CID-11 é uma classificação de doenças e problemas relacionados à saúde, desenvolvida pela Organização Mundial da Saúde (OMS). A 11ª revisão da CID foi lançada em 2019 e substitui a CID-10, que era a versão anterior. No Brasil passou a ser obrigatória a contar de janeiro de 2023.

primeira infância e da infância, o transtorno de tiques, os transtornos de eliminação. Quanto aos transtornos de aprendizagem indica que:

> [...] são diagnosticados quando os resultados do indivíduo em testes padronizados e individualmente administrados de leitura, matemática ou expressão escrita estão substancialmente abaixo do esperado para sua idade, escolarização e nível de inteligência. (OMS, 1996, p. 90).

O professor da SRM, ao receber o laudo médico ou estudo de caso de um estudante avaliado por profissionais da saúde, terá contato com os códigos desses documentos. Conforme Anache e Resende (2016) poucos profissionais da saúde costumam descrever uma proposta terapêutica, a maioria dos profissionais preenche o laudo ou o estudo de caso referindo o código do transtorno diagnosticado, seja usando a CID 10 ou a CID 11.

"Os resultados da avaliação diagnóstica, pretensamente úteis aos professores, para auxiliá-los na compreensão das necessidades dos alunos e elaboração de planos educacionais, não têm servido a esses objetivos" (Brasil, 2006, p. 25). Pasian, Mendes e Cia (2017) apontam que na maioria dos casos o laudo é superficial, tornando-se meramente um documento que constata uma deficiência, não fornecendo dados para um trabalho produtivo na SRM.

3.3 O CENTRO INTEGRADO DE EDUCAÇÃO E SAÚDE (CIES)

Como estamos tratando de avaliação e do contexto identificado na pesquisa no território de Venâncio Aires, apresento neste subcapítulo o Centro Integrado de Educação e Saúde- Cies. Ao realizar a avaliação pedagógica, o professor da sala de recursos multifuncionais pode identificar que esse estudante apresenta indícios de dificuldades de aprendizagem, que podem caracterizar algum transtorno, sugerindo a avaliação de uma equipe multiprofissional para um diagnóstico completo. Para Pasian, Mendes e Cia (2017), muitos estudantes público-alvo da Educação Especial demandam serviços de saúde ou de assistência social, as autoras ressaltam a importância de haver uma equipe que possa auxiliar no processo de avaliação e indicação de atendimentos específicos para as necessidades identificadas.

Jannuzzi (2004) traz que a primeira equipe multidisciplinar composta por psiquiatra, pedagogo, psicólogo foi organizada em 1929, e tinha o objetivo de orientar a seleção de professores para escolas primárias e secundárias, além de estabelecer testes pedagógicos, físico-psicológicos e diagnósticos de "crianças excepcionais".

A Política Nacional de Educação Especial (Brasil, 1994) caracteriza o Centro Integrado de Educação Especial como uma organização que possui equipe interdisciplinar que utiliza equipamentos, materiais e recursos didáticos específicos para realizar serviços de avaliação diagnóstica, de estimulação, de escolarização e preparação para o trabalho de estudantes "portadores de necessidades especiais".

Conforme a Resolução CNE/CEB nº 17/2001, quando os recursos existentes na escola forem insuficientes para a compreensão das necessidades educacionais e identificação dos apoios necessários para o estudante a ser avaliado, ela poderá recorrer à equipe multiprofissional (médicos, psicólogos, fonoaudiólogos, fisioterapeutas, terapeutas ocupacionais, assistentes sociais e outros). Indica ainda que:

> A composição dessa equipe pode abranger profissionais de uma determinada instituição ou profissionais de instituições diferentes. Cabe aos gestores educacionais buscar essa equipe multiprofissional em outra escola do sistema educacional ou na comunidade, o que se pode concretizar por meio de parcerias e convênios entre a Secretaria de Educação e outros órgãos, governamentais ou não. (Brasil, 2001, p. 15).

A nível estadual, o Conselho Estadual de Educação do Rio Grande do Sul, na Resolução nº 267/2002, indica que o enquadramento do estudante público-alvo da Educação Especial dependerá de laudo emitido por equipe multidisciplinar. No Parecer nº 56/2006, delibera que a equipe pedagógica da escola, após realizar avaliação pedagógica, se verificar a necessidade de atendimento mais especializado, poderá buscar alternativas de atendimento junto à mantenedora. No referido parecer o Conselho Estadual de Educação reafirma que o encaminhamento para classe especial ou escola especial está condicionado à avaliação da equipe multiprofissional, apontando que a mantenedora deve acompanhar e disponibilizar o apoio técnico dessa equipe. Segundo a Resolução nº 267/2002,

> [...] a preocupação do legislador é evitar que pessoas que poderiam desenvolver a aprendizagem com práticas pedagógicas adequadas em escolas comuns sejam encaminhadas para classes ou escolas especiais sem uma avaliação complementar.

No documento da Política Nacional de Educação Especial: Equitativa, Inclusiva e com Aprendizado ao Longo da Vida (Brasil, 2020a), o estudo de caso ou os projetos conjuntos são elaborados pela equipe multiprofissional e interdisciplinar de Educação Especial. Com relação aos componentes desta equipe, indica-se que:

> A equipe é composta por professor da educação especial e, no mínimo, mais dois profissionais de áreas que contribuam para a avaliação biopsicossocial escolar, como: psicologia, fisioterapia, medicina, enfermagem, fonoaudiologia, assistência social e terapia ocupacional, entre outros de áreas afins. A composição das equipes multiprofissionais e interdisciplinares deve responder às demandas de cada situação e à normatização dos sistemas de ensino. (Brasil, 2020a, p. 82).

No território do município de Venâncio Aires, a equipe multiprofissional atua no Centro Integrado de Educação e Saúde (Cies), instituído pela Lei municipal nº 4.361, de 14 de abril de 2009. O espaço foi inaugurado em maio de 2009, ofertando atendimento multiprofissional nas áreas de Orientação Educacional, Psicopedagogia, Psicologia, Neuropediatra, Neurologia, Fisioterapia e Fonoaudiologia (Vogt; Cagliari, 2019). Esses profissionais foram alocados numa relação intersetorial das Secretarias de Educação, Saúde e Desenvolvimento Social, permanecendo vinculados às suas secretarias de origem.

Conforme o Art. 2º da Lei nº 4.361/2009, os atendimentos prestados pelo Cies são ofertados aos estudantes de escolas públicas localizadas no âmbito municipal, na faixa etária de 0 a 18 anos, assim como estudantes que frequentem escolas particulares em razão de convênio com o Município[19]. Os atendimentos são organizados por meio de agendamento, realizado pela instituição de ensino ou serviço da rede de saúde, após avaliação prévia e autorização da família do estudante (Venâncio Aires, 2009).

Conforme Vogt e Cagliari (2019), a cronologia dos encaminhamentos segue uma ordem, primeiramente o professor do ensino regular identifica alguma alteração em relação à aprendizagem, comportamento ou quadro motor, a direção ou orientação educacional da escola é comunicada e após confirmar as alterações apontadas, a família do estudante é chamada à escola. Na conversa com a família é realizado um levantamento sobre o comportamento da criança (anamnese), a família é questionada sobre a possibilidade de encaminhamento para avaliação por equipe multiprofissional do Cies (Vogt; Cagliari, 2019).

---

[19] Em razão da demanda de estudantes, o município de Venâncio Aires estabelece convênio com instituições da rede privada para compra de vagas para estudantes que não obtiveram vaga em escolas da rede pública de ensino.

Após o consentimento da família, com assinatura do termo de aceite, o estudante é encaminhado pelo serviço de Orientação Educacional da escola, as consultas quando agendadas são comunicadas à escola, que comunica os pais do estudante (Vogt; Cagliari, 2019). Em sua pesquisa, Vogt e Cagliari (2019) não relacionam o professor da SRM no processo de encaminhamento e avaliação dos estudantes. Em caso de carência o poder público disponibiliza passagens de ônibus para o deslocamento até o local do atendimento (Venâncio Aires, 2009).

Conforme a "Carta de serviços educação atendimento interdisciplinar especializado" as principais etapas para processamento dos serviços prestados no Cies a partir do encaminhamento realizado pela instituição de ensino são o agendamento do primeiro atendimento, seguido pelas avaliações de estudo de caso, retorno da programação terapêutica e acompanhamentos. O primeiro atendimento é feito pela orientadora educacional, ela realiza uma anamnese, para entender à demanda do estudante e agendar os atendimentos necessários (Vogt; Cagliari, 2019).

Conforme o relatório anual de 2019 do Centro Integrado de Educação e Saúde, a equipe multiprofissional totalizou 6.612 atendimentos para crianças do território do município de Venâncio Aires. Os profissionais da equipe também participaram da elaboração de 219 estudos de casos de estudantes encaminhados para avaliação. Vogt e Cagliari (2019, p. 14) indicam o processo interno até a conclusão do estudo de caso:

> Após o aluno ser atendido pelos profissionais que a orientadora educacional indicou, que são no mínimo três, acontece o estudo de caso, ou seja, os profissionais que realizaram o atendimento ao aluno reúnem-se para fecharem um plano de tratamento. Tudo que é definido fica registrado no laudo produzido no estudo em questão e a escola (diretor, professor, orientador e/ou professor da sala de recursos) recebe um retorno, bem como os responsáveis legais pelo aluno. (Vogt; Cagliari, 2019, p. 14).

O relatório anual de 2019 do Centro Integrado de Educação e Saúde aponta ainda os dados quantitativos referentes aos atendimentos. Importante destacar que os dados se referem aos atendimentos realizados, os atendimentos faltantes ou cancelados não estão contabilizados. Em relação ao gênero dos estudantes avaliados, observou-se um quantitativo de 24% sendo feminino e 76% masculino.

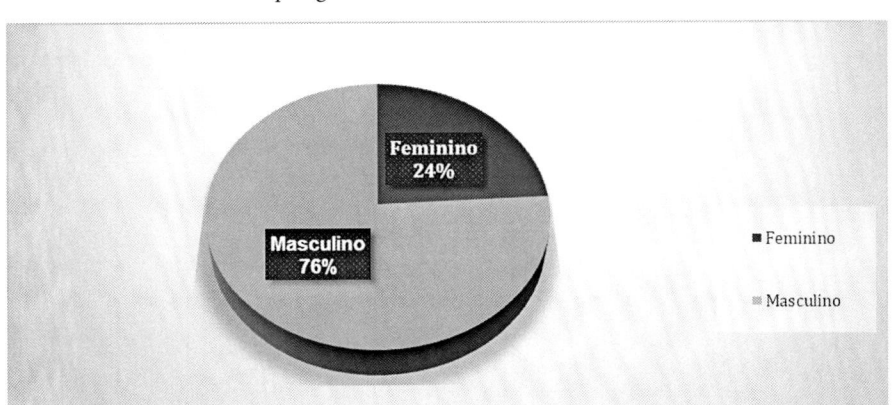

Gráfico 3 – Atendimentos por gênero

[Gráfico de pizza: Feminino 24%, Masculino 76%]

Fonte: adaptado pela autora do relatório anual de 2019 do Centro Integrado de Educação e Saúde

Com relação à origem do encaminhamento, o Gráfico 4 traz o quantitativo apresentado no relatório anual de 2019. Frisando que o Cies atende somente crianças e estudantes que residam no território de Venâncio Aires. Em se tratando de estudantes, devem estar matriculados em escolas públicas, da rede municipal ou estadual de ensino, ou possuir bolsa de estudos (financiada pelo convênio do município com instituições de ensino privadas). As crianças são encaminhadas pelos médicos que atendem na rede básica de saúde por meio da Secretaria Municipal de Saúde.

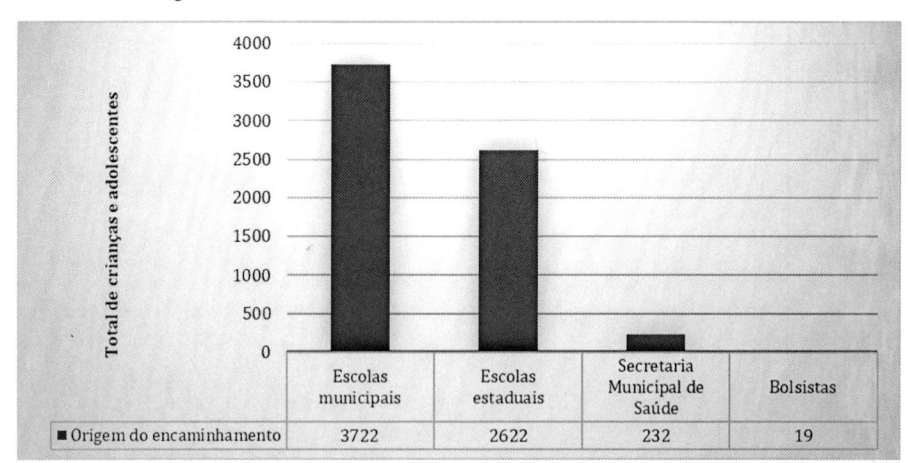

Gráfico 4 – Origem do encaminhamento

Origem do encaminhamento	Escolas municipais	Escolas estaduais	Secretaria Municipal de Saúde	Bolsistas
Total de crianças e adolescentes	3722	2622	232	19

Fonte: adaptado pela autora do relatório anual de 2019 do Centro Integrado de Educação e Saúde

O relatório anual de 2019 não apresenta dados quantitativos acerca dos resultados dos estudos de caso concluídos. Indica, no entanto, que as dificuldades específicas de aprendizagem, transtorno de déficit de atenção e hiperatividade, deficiência intelectual, transtornos da linguagem expressiva, transtorno do espectro autista, questões emocionais e situações de vulnerabilidade social são encontradas com maior frequência nos atendimentos realizados.

Com relação à faixa etária das crianças e adolescentes atendidos em 2019, o Gráfico 5 traz um escopo das idades.

Gráfico 5 – Faixa etária dos estudantes

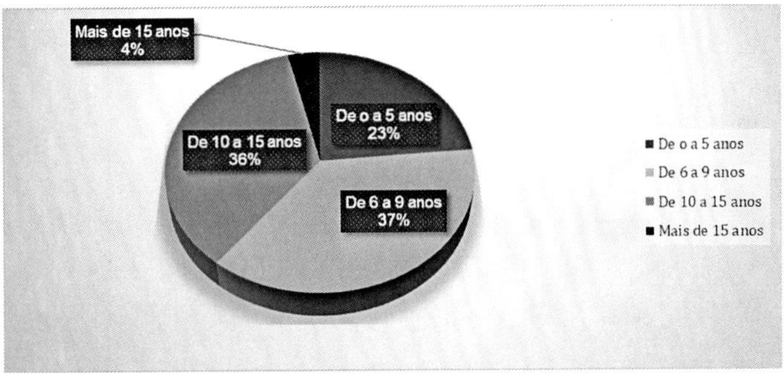
Mais de 15 anos
4%
De o a 5 anos
23%
De 10 a 15 anos
36%
De 6 a 9 anos
37%
De o a 5 anos
De 6 a 9 anos
De 10 a 15 anos
Mais de 15 anos

Fonte: adaptado pela autora do relatório anual de 2019 do Centro Integrado de Educação e Saúde

Em 2019, atuaram no Centro 12 profissionais, a especialidade, a carga horária e a quantidade de atendimentos prestados constam no Quadro 10.

Quadro 10 – Profissionais que atuaram no Cies em 2019

Especialidade	Carga horária	Total de atendimentos registrados
Coordenação	26h semanais	-
Secretaria	30h semanais	-
Fisioterapia	8h semanais	16 atendimentos
Orientação Educacional	20h semanais	359 atendimentos
Psicopedagogia	13h semanais	370 atendimentos
Psicopedagoga	20h semanais	513 atendimentos
Neurologista	8 atendimentos semanais e receitas	544 atendimentos
Fonoaudióloga	20h semanais	581 atendimentos
Clínico geral	Receitas	772 atendimentos
Estimulação Precoce	28h semanais	783 atendimentos
Psicologia	52h semanais	789 atendimentos
Neuropediatria	19 atendimentos semanais e receitas	1342 atendimentos

Fonte: elaborado pela autora com base no Relatório anual de 2019

Com relação à avaliação pedagógica realizada pelo professor da SRM não se encontrou evidência no Relatório anual de 2019, nem na legislação de implantação do Cies.

Com base nos dados coletados entende-se que o encaminhamento do estudante com suspeita de deficiência é realizado pelo Orientador Educacional da instituição de ensino em que esse está matriculado, no caso do encaminhamento realizado por profissional da saúde esse é realizado por meio da Secretaria Municipal de Saúde ou da Secretaria Municipal de Assistência Social.

Em se tratando de estudante matriculado em escolas de Educação Básica, a orientação do Cies é para que o Orientador Educacional realize todo o encaminhamento. Nesse sentido, o professor da sala regular identifica que o estudante não está apresentando evolução conforme o esperado para a sua idade. Pasian, Mendes e Cia (2017) identificaram em sua pesquisa que 70% dos casos de encaminhamento de estudantes para avaliação são feitos pelo professor da sala regular.

> O maior contingente de alunos para a avaliação diagnóstica vem do ensino comum, geralmente porque há suspeita de alguma deficiência, de distúrbios de aprendizagem, ou porque incomodam, pelo comportamento. Embora possa vir dos pais, ou de outras pessoas que convivem com o aluno, a decisão de seu encaminhamento para a avaliação, tem sido, usualmente, tomada pelo professor da classe comum, que busca uma assistência adicional, oferecida pelos especialistas da educação especial. (Brasil, 2006, p. 29).

Jelinek (2013) afirma que os estudantes ditos incomodativos e com dificuldades de aprendizagem constituem-se do maior grupo a ser encaminhado para avaliação, por estarem no foco de preocupação dos professores do ensino regular. Voltolini e Almeida (2014) apontam que muitos educadores acabam encaminhando os estudantes para avaliação na busca de alguma "doença" que justifique o fato de seu desempenho não se mostrar satisfatório.

O professor do ensino regular realiza a queixa ao Orientador Educacional da escola, que comunicará à família do estudante sobre as suspeitas, a família será questionada sobre a aceitação ou não do encaminhamento para avaliação, em caso de aceite a família responde a um questionário padrão do Cies[20]. Se a escola contar com professor de SRM, esse realiza a

---

[20] O Cies possui um questionário para avaliação diagnóstica das dificuldades de aprendizagem padrão para estudantes da Educação Infantil, há um questionário padrão para os estudantes do ensino fundamental e um questionário padrão que compõem a ficha de anamnese que é preenchida pelo Orientador Educacional da instituição.

avaliação pedagógica do estudante, ao final da avaliação preenche o perfil de avaliação pedagógica do Cies, e realiza a devolutiva para o Orientador Educacional da escola.

Quando o professor da SRM constata alguma dificuldade ou suspeita de algum transtorno ele sugere o encaminhamento para avaliação com equipe multiprofissional do Cies. O encaminhamento, a coleta dos documentos e a participação no estudo de caso são de responsabilidade do serviço de orientação educacional da escola.

Vogt e Cagliari (2019) identificaram que nas devolutivas de estudo de caso sempre havia um membro da escola do estudante presente, em sua pesquisa afirmam que esses eram da equipe diretiva ou professores da SRM, não constataram a presença dos professores do ensino regular neste momento da discussão do estudo de caso. Os professores participantes da pesquisa indicaram duas organizações distintas para a devolutiva do estudo de caso. Quando a escola conta com serviço de Orientação Educacional, esse profissional comparece ao Cies, no dia e hora marcados, para a discussão do estudo de caso e elaboração da proposta terapêutica (laudo). Já nas escolas sem Orientador Educacional, o professor de Educação Especial é convocado a participar da reunião da devolutiva do estudo de caso.

A devolutiva do resultado do estudo de caso para as famílias é realizada na escola, pela equipe pedagógica da instituição. Nos casos em que há indicação de uso de medicação, um dos profissionais de saúde do Cies faz o informe aos pais e responsáveis, estes passam a ter consultas regulares, previamente agendadas para a retirada de receitas médicas, ou reavaliação do uso da medicação. Nos casos em que não há indicação de medicação, o Cies não apresenta devolutivas ou resultados das avaliações para os pais ou responsáveis.

Caso o estudo de caso indique, na proposta terapêutica, a necessidade de atendimento educacional especializado, o estudante é incluído em algum grupo de atendimento da sala de recursos da sua escola. Caso a escola não tenha sala de recursos multifuncionais, os atendimentos são direcionados a alguma escola próxima que ofereça esse serviço.

4

HABILIDADES MATEMÁTICAS BÁSICAS E O DESENVOLVIMENTO COGNITIVO

O desenvolvimento das habilidades matemáticas básicas é fundamental para o progresso acadêmico e a participação plena na sociedade. Em nossa sociedade, a Matemática é vista como uma das áreas mais importantes, prova disso é a carga horária despendida nos currículos escolares para essa disciplina em comparação com as demais. Mas essa notoriedade não esteve sempre presente, "[...] num passado não muito distante, se uma criança devia ou não aprender matemática dependia da profissão para a qual estava sendo preparada" (Nogueira, 2007, p. 10).

Essa visão da matemática voltada para as atividades práticas do cotidiano teve repercussão por longo período. No Brasil o ensino de Matemática como disciplina obrigatória passa a vigorar apenas com a implantação das escolas régias, após a expulsão dos jesuítas em 1759, com a reforma pombalina (Nogueira, 2007). As legislações educacionais passaram a tornar o ensino obrigatório e a disciplina de Matemática foi ocupando seu notório espaço no meio acadêmico.

A Matemática está presente na vida cotidiana e perpassa nossa esfera de relações antes mesmo de estarmos formalmente envolvidos com o ensino da matemática acadêmica. Prova disso é que havia comércio e um contexto de vida social no Brasil mesmo antes do ensino formal e obrigatório da disciplina de Matemática (Danyluk, 2002).

Esses conhecimentos, ou habilidades, são desenvolvidos pela exposição a situações-problema, e a necessidade de busca por resolução abre caminho para a exploração de possibilidades. Essas habilidades constituem o alicerce para o entendimento de conceitos mais complexos da matemática e são essenciais para lidar com situações cotidianas que envolvem padrões e medidas. A aquisição e desenvolvimento das habilidades matemáticas básicas são considerados fundamentais para o sucesso acadêmico e a participação ativa na vida cotidiana e profissional. A capacidade de contar, reconhecer números, realizar operações matemáticas básicas e resolver problemas são competências essenciais que constituem o alicerce para a compreensão de conceitos mais complexos da matemática.

A importância de identificar e apontar as habilidades matemáticas básicas está no fato de que muitas vezes não se leva em conta como o estudante constrói seus primeiros conceitos matemáticos, suas experiências e hipóteses não são levadas em consideração (Rangel, 1992). Aspectos muito básicos como o início do processo de contagem, o estabelecimento de relações de semelhanças e diferenças, as manipulações de quantidades, a classificação dos brinquedos e objetos, dentre outras tantas habilidades serão primordiais para uma boa construção dos conhecimentos matemáticos.

Ao observar o comportamento da criança, Jean Piaget, com sua perspectiva de epistemólogo, percebe uma lógica subjacente às suas ações, revelando uma estrutura inerente ao comportamento. Ele constata que, independentemente do propósito imediato ou do caráter lúdico, as ações da criança não ocorrem de forma aleatória. Pelo contrário, tais ações sempre aceitam uma organização, uma sequência de passos e uma capacidade de classificação ou inferência. "As estruturas mentais funcionam então, seriando, ordenando, classificando, estabelecendo implicações e permitindo a inserção dos objetos e dos acontecimentos no tempo e no espaço" (Nogueira, 2007, p. 30).

Neste capítulo, exploraremos os principais aspectos relacionados ao desenvolvimento das habilidades matemáticas básicas em estudantes, com ênfase na perspectiva do público-alvo da Educação Especial.

4.1 FUNDAMENTOS DAS HABILIDADES MATEMÁTICAS BÁSICAS

As habilidades matemáticas básicas compreendem um conjunto de habilidades desenvolvidas ao longo das vivências e experiências realizadas pela criança[21]. A compreensão das habilidades matemáticas básicas é fundamental para entender o desenvolvimento cognitivo da criança. Na busca por fundamentar as habilidades matemáticas básicas volto-me para os estudos de Jean Piaget e autores associados a seus estudos e pesquisas.

Ao investigar o desenvolvimento cognitivo infantil, Jean Piaget, renomado epistemólogo suíço, notou que a criança exibe uma estrutura lógica subjacente em suas ações. Sua teoria do desenvolvimento cognitivo destaca que as crianças constroem ativamente o conhecimento de forma reflexiva com o ambiente ao seu redor. Piaget acreditava que, mesmo em compor-

---

[21] Utiliza-se o termo criança nessa parte do texto, pois algumas habilidades aqui apontadas são construídas pela criança antes de iniciar sua vida escolar, e por ser esse o termo que Jean Piaget utiliza nas obras analisadas.

tamentos aparentemente despretensiosos ou meramente lúdicos, a mente infantil não atua de forma arbitrária, mas sim de acordo com uma ordem interna, uma lógica própria que se manifesta em uma série de diferenciais.

Em consonância com seus princípios epistemológicos, Piaget salientou que qualquer ação da criança, seja na busca de um objetivo específico ou na exploração do ambiente de forma mais livre, revela uma intencionalidade subjacente, implicando uma organização mental. Essa organização consiste na capacidade de estruturar suas ações, ordenar suas tentativas e classificar suas experiências de acordo com esquemas cognitivos construídos ao longo do desenvolvimento (Piaget, 1972).

Para Lorenzato (2010), devemos seguir o curso natural das coisas, respeitar o processo de construção do conhecimento. Assim, a criança terá concepções distintas de conhecimentos: o social, o físico e o lógico-matemático (Kamii, 1992). Os conhecimentos matemáticos são denominados por Nunes e Bryant (1997) de invenções culturais por sua função nas relações sociais e pela forma de transmissão dos conhecimentos matemáticos. Na BNCC (Brasil, 2017, p. 265) temos que:

> O conhecimento matemático é necessário para todos os alunos da Educação Básica, seja por sua grande aplicação na sociedade contemporânea, seja pelas suas potencialidades na formação de cidadãos críticos, cientes de suas responsabilidades sociais. (Brasil, 2017, p. 265).

Os conceitos matemáticos estão presentes no cotidiano, na informalidade das relações estabelecidas com objetos e pessoas (Kamii; Devries, 1991). Essas vivências com situações matemáticas auxiliam no desenvolvimento desse conhecimento informal, que será a base das habilidades que irá desenvolver posteriormente (Assis *et al.*, 2020). Para Danyluk (2002, p. 202), "as crianças, ao compararem situações, objetos, números, letras e outros aspectos que aparecem em suas experiências vividas, constroem novos conhecimentos em que se estabelecem semelhanças, diferenças e relações".

O conhecimento social, também conhecido como conhecimento das relações interpessoais ou conhecimento social-moral, é um componente essencial do desenvolvimento cognitivo das crianças. A aprendizagem da matemática pelas crianças não ocorre de forma independente da complexa estrutura social na qual estão inseridas (Nunes; Bryant, 1997).

O conhecimento social refere-se à compreensão das normas, valores, regras e papéis sociais que regem o indivíduo entre indivíduos em uma determinada cultura ou sociedade. Os conceitos e as nomenclaturas utilizados na matemática serão transmitidos às crianças por meio das vivências cotidianas. "O ato de ler e de ler a linguagem matemática está fundamentado nos atos humanos de compreender, de interpretar e de comunicar a experiência vivida" (Danyluk, 2002, p. 18).

Cabe salientar que a linguagem é uma das primeiras formas de interação social. Na seara do conhecimento social, regras, normas, conceitos e outras tantas convenções serão transmitidas por meio da linguagem. Essa linguagem irá depender do contexto cultural em que esse indivíduo estiver inserido, pode ser a Língua Portuguesa, a Libras, pode ser a Língua Inglesa, o Alemão ou mesmo o Braile. Danyluk (2002) atenta para o fato de que transmitimos e ensinamos conceitos matemáticos e convenções, regras dessa disciplina por meio da língua falada. E, na análise desta autora, a capacidade de compreensão das habilidades matemáticas pode ser fortemente prejudicada ou facilitada pela forma como os sujeitos estão integrados à sua língua, visto que essa está fortemente alicerçada pelos conhecimentos sociais.

O conhecimento social emerge e se desenvolve em interação estreita com a inteligência cognitiva geral da criança. O conhecimento social pressupõe relações da criança com o meio, e pode ser compreendido como as convenções estabelecidas pelos grupos sociais ou culturais, exemplos de conhecimentos sociais são as regras, leis, moral, valores, ética e o sistema de linguagem (Wadsworth, 1997).

Ele se baseia no social, fundado em interações, será a base da linguagem utilizada pela criança para descrever suas operações físicas sobre os objetos e na relação com suas vivências cotidianas (Richter; Ribeiro, 2021). Comumente os conhecimentos sociais estão organizados por espaços e vivências, ponto que muitas técnicas e habilidades utilizadas pelas crianças para resolverem os problemas no seio familiar não apresentam eficácia no contexto social da escola (Nunes; Bryant, 1997).

Ao vivenciarem situações cotidianas, as crianças gradualmente expandem seu repertório de experiências e explorações. Elas manipulam e comparam objetos e materiais, o que lhes permite observar cuidadosamente suas características físicas. O conhecimento físico parte dos objetos, é empírico adquirido a partir das observações (Furth, 1976) e da atuação direta sobre e com os objetos (Kamii; Devries, 1991). Esse conhecimento físico é empírico, tem origem na concretude dos objetos que fazem parte do contexto social e relacional (Piaget, 1972). Esse processo de dedução empírica é comum a todos, e é transmitido pelo contexto social (Kamii, 1992). Para Rangel (1992, p. 22), o conhecimento físico é uma abstração simples e consiste em:

[...] agir sobre os objetos propriamente ditos. Nela, o sujeito age sobre o objeto e, pela abstração das suas ações se exercendo sobre os objetos, descobre as propriedades físicas deste objeto, bem como as propriedades observáveis das ações realizadas materialmente. (Rangel, 1992, p. 22).

Essa construção pressupõe um distanciamento entre os aspectos característicos físicos dos objetos e as relações que se está a estabelecer. Rangel (1992) aponta que para que a criança possa fazer a abstração simples é preciso que já tenha estruturado algum nível de inteligência, pois não compreenderia as propriedades sem uma assimilação prévia do objeto em questão.

Em suma, a abstração simples pode ser definida como um dos processos cognitivos fundamentais envolvidos no desenvolvimento do pensamento infantil. Esse conceito está intimamente relacionado à capacidade de generalizar e estabelecer relações entre objetos, eventos ou situações específicas, permitindo que a criança vá além das experiências imediatas e formule conceitos mais abrangentes.

Um exemplo prático de abstração simples pode ser observado quando uma criança, após interagir com diversos tipos de animais de estimação, como cães e gatos, é capaz de generalizar as características compartilhadas por esses animais e, assim, criar o conceito de "animal de obediência". Esse conceito abstrato permitirá que a criança reconheça e identifique outros animais de segurança que ela nunca viu antes, porque entende que eles possuem características em comum com os que ela já conhece (Piaget, 1978).

A abstração simples ocorre quando a criança é capaz de extrair características essenciais de objetos ou eventos particulares e, a partir dessas características, criar representações gráficas mais amplas que se aplicam a diversas situações semelhantes. Esse processo é facilitado pela assimilação, que envolve a incorporação de novas informações ao seu esquema cognitivo já existente (Rangel, 1992).

A assimilação pode ser compreendida como a capacidade da criança de interpretar e dar significado às novas experiências com base nas experiências já adquiridas. Isso significa que, ao encontrar novas informações ou situações, a criança tenta compreendê-las e enquadrá-las em conceitos ou esquemas já apresentados em sua mente. Dessa forma, a assimilação envolve uma espécie de "encaixe" das novas informações dentro das estruturas cognitivas já existentes. "A assimilação é o processo pelo qual as experiências são integradas em esquemas ou estruturas existentes" (Piaget, 1978, p. 72).

Quando uma criança encontra algo que se encaixa perfeitamente em seus esquemas cognitivos atuais, ela assimila facilmente essa informação, pois ela já possui um ponto de referência para compreendê-la. Porém, quando esse encaixe não ocorre, a criança buscará nos seus esquemas cognitivos as aprendizagens que possam auxiliá-la na compreensão, criando então um novo encaixe. Chamamos esse novo encaixe de acomodação. "A acomodação é o processo pelo qual os esquemas existentes são modificados para acomodar novas experiências" (Piaget, 1978, p. 72).

A acomodação ocorre quando uma criança precisa ajustar ou modificar seus esquemas cognitivos para incorporar novas informações que não podem ser facilmente assimiladas. Essa adaptação de seus esquemas é necessária para que a criança possa compreender o novo conhecimento e superar o estado de equilíbrio. Piaget (1978, p. 101) traz o seguinte exemplo ao conceituar a acomodação:

> Uma criança de 3 anos que vê um gato pela primeira vez pode pensar que todos os gatos são pequenos e peludos. No entanto, quando ela vê um gato grande e peludo, ela é forçada a acomodar seu esquema de gato para incluir a ideia de que os gatos podem ser de diferentes tamanhos e texturas. Isso ocorre porque a criança não esperava que um gato pudesse ser tão grande e peludo. (Piaget, 1978, p. 101).

Assim, a assimilação e a acomodação são processos interligados e complementares, pois ambos iniciaram para a evolução e desenvolvimento do pensamento infantil. A assimilação permite à criança relacionar o novo com o já conhecido, enquanto a acomodação possibilita a adaptação de suas estruturas para acomodar informações que não podem ser simplesmente assimiladas. Juntos, esses processos promovem o crescimento cognitivo e a construção gradual do conhecimento na mente da criança, permitindo que ela compreenda e interaja com o mundo de maneira mais abrangente e complexa.

Para Piaget (2013), a aprendizagem pressupõe um pensamento em desequilíbrio ou em estado de equilíbrio instável, onde qualquer nova aquisição modifica as noções anteriores e ameaça desencadear contradições com os esquemas já assimilados de antemão. Ao buscar definir o conceito de equilibração Piaget (1967) aponta que o equilíbrio a que se refere está relacionado à permanência de alguma coisa, não necessariamente com a ausência total de movimento, seria um equilíbrio móvel. Ou como ele mesmo define:

> Este equilíbrio pode ser definido em uma palavra como a reversibilidade das operações equilibradas. Uma operação não-contraditória é uma operação reversível. É preciso considerar êste têrmo, não no sentido lógico, que é derivado, mas no sentido estritamente psicológico: uma operação mental é reversível, quando ao partir do resultado desta operação, se pode encontrar uma operação simétrica com relação a primeira, e que leva de volta aos dados desta primeira operação, sem que êstes tenham sido alterados. (Piaget, 1967, p. 168).

Entende-se, portanto, que o equilíbrio, na concepção piagetiana, é a capacidade de uma operação ser reversível, ou seja, partindo do resultado dessa operação, é possível encontrar uma operação simétrica em relação à primeira. Essa operação simétrica conduz de volta aos dados originais da primeira operação, sem que esses dados tenham sido alterados. O conceito de reversibilidade não se refere ao sentido lógico ou matemático do termo, mas sim ao sentido psicológico, à capacidade cognitiva da mente de executar uma operação mental e, em seguida, ser capaz de desfazê-la e retornar ao ponto de partida original sem perdas ou modificações nos dados iniciais.

A reversibilidade "é a habilidade de realizar mentalmente ações opostas simultaneamente — cortar o todo em partes e reunir as partes num todo" (Kamii; Housman, 2002, p. 23). Pode ser simplificada como a capacidade de entender que uma ação pode ser desfeita (Piaget, 1978). Essa habilidade é fundamental para que a criança, mais tarde, tenha facilidade na construção do conceito de número racional (Schimitt, 2017, p. 41). Quando uma criança derrama água em uma xícara, e compreende que ao colocar a água de volta na jarra terá a mesma quantidade está a realizar a reversibilidade de ações físicas (Piaget, 1978). A reversibilidade de relações espaciais pode ser exemplificada com a ação de virar um objeto e compreender que ao voltá-lo para a posição original ele manterá as características originais. A reversibilidade de relações numéricas é primordial para que a criança entenda que ao adicionar 2 ao número 5, ela pode subtrair esses dois e voltar ao 5 (Piaget, 1978).

A síntese ou reversibilidade refere-se, portanto, à habilidade da criança de reverter mentalmente uma ação, processo ou operação, retornando ao estado inicial após ter realizado uma transformação. Em outras palavras, uma criança é capaz de entender que certas ações podem ser desfeitas ou revertidas, e que uma mudança na aparência de um objeto não altera suas propriedades essenciais.

Em resumo, o equilíbrio no contexto das operações mentais refere-se à capacidade de realizar operações reversíveis, o que permite à mente executar uma ação mental e depois desfazê-la, sem que as informações originais sejam alteradas ou perdidas durante esse processo. Como exemplo da reversibilidade podemos citar a ação hipotética de uma criança brincando de montar blocos coloridos. A criança empilha três blocos, formando uma torre alta. A criança utilizou os conhecimentos físicos e sociais para construir a torre. Agora, a reversibilidade entra em jogo quando ela decide desfazer essa ação e retornar à configuração inicial dos blocos. Ao retirar um bloco de cada vez de cima da torre, a criança consegue reverter o processo de construção e voltar ao ponto de partida, recuperando os três blocos separados novamente.

Essa capacidade de desfazer a ação e voltar ao estado inicial, sem alterar a natureza dos objetos envolvidos, permite que a criança compreenda relações simétricas e inverta processos mentais (Rangel, 1992). Outro exemplo que sintetiza a síntese ou reversibilidade do pensamento é o conceito de conservação de quantidade, utilizado por Piaget e associados nas suas testagens.

Nesse contexto, a criança é apresentada a dois copos iguais, contendo a mesma quantidade de água. Em seguida, a água de um dos copos é disposta para um copo mais alto e estreito, fazendo com que a altura do líquido aumente. Em seguida, a criança é questionada se a quantidade de água permanece a mesma ou se houve alteração. No início do estágio pré-operacional, a criança tende a focar apenas na aparência visual e pode acreditar que a quantidade de água se alterou, devido à diferença de altura nos copos. No entanto, ao entrar no estágio operacional concreto, a criança é capaz de realizar a síntese ou reversibilidade mentalmente, percebendo que a quantidade de água permanece a mesma, independentemente das mudanças na aparência (Piaget, 2013).

As vivências matemáticas, de base dos conhecimentos social ou físico, estão fortemente alicerçadas em conceitos e nomenclaturas específicos. Esses conhecimentos são assimilados e acomodados pela criança no decorrer de suas vivências e experiências. A relação mental que a criança realizará com esses conhecimentos, sua abstração reflexiva, permitirá a construção e a constante ampliação de seu conhecimento lógico-matemático.

O conhecimento lógico-matemático consiste em relações mentais (Kamii, 1992), "incluindo número e aritmética, é construído (criado) por cada criança de dentro para fora, na interação com o ambiente" (Kamii;

Housman, 2002, p. 15). Com base nessa visão, não poderíamos afirmar que iremos construir habilidades num contexto coletivo, por exemplo, o professor ao afirmar que está a construir habilidades pode estar a referir-se à sua aprendizagem, mas, certamente, não estará a construir as habilidades dos estudantes. "As crianças elaboram seu conhecimento lógico-matemático à medida que constroem relações mais complexas sobre outras mais simples que elas mesmas criam" (Kamii; Livingston, 1995).

Visto que, com base na abstração reflexiva, essas são construídas por cada indivíduo, em sua mente. O professor pode, portanto, estimular, problematizar, propor, mas de forma alguma poderá construir "na criança". Em suma:

> A abstração reflexiva é, portanto, construída pela mente do sujeito ao criar relacionamentos entre vários objetos e coordenar essas relações entre si, enquanto a abstração simples, ou empírica, é a abstração do próprio objeto, ou seja, de suas propriedades, mediante a observação das respostas que o objeto dá à ação exercida sobre ele. (Rangel, 1992, p. 23).

Piaget denomina esse tipo de abstração, característica da experiência lógico-matemática, de abstração reflexiva; e aquela, própria da experiência física, de abstração simples (Piaget, 1978). As ações que são estabelecidas em interações com pessoas ou objetos são de fundamental importância para a construção desse conhecimento (Wadsworth, 1997).

Para Furth (1982), a abstração reflexiva é o feedback da coordenação ou atividades operacionais da organização interna, que permite "refletir" a forma geral da atividade. A abstração formal e reflexiva é a principal fonte de desenvolvimento inteligente como conhecimento lógico geral.

A construção das experiências lógico-matemáticas se constitui por meio da análise das propriedades identificadas a partir das abstrações (Almeida; Picarelli, 2018). Essa coordenação mental estabelecida com as relações criadas entre os objetos, as experiências e informações sociais constitui um conhecimento lógico-matemático.

Antes de ter construído o conhecimento lógico-matemático operatório a criança fará uso do conhecimento físico e social para identificar e resolver seus problemas. Suas decisões estarão embasadas na lógica da percepção (Richter; Ribeiro, 2021). No início do processo de contagens e percepções, por ainda não ter construído a capacidade de raciocínio lógico, a criança fará uso das deduções que o conhecimento físico lhe proporciona (Kamii; Declark, 1993). "A percepção não é, em suma, mais que um ponto imóvel sobre o movimento reversível do pensamento" (Piaget; Szeminska, 1975, p. 276). Com relação à percepção, Danyluk (2002) indica que

> A ênfase nas percepções que estão presentes na experiência vivida é importante para a construção de conceitos matemáticos, pois possibilita à criança observar semelhanças e diferenças, além de favorecer o estabelecimento de novas relações. As comparações visuais aparecem de modo espontâneo. (Danyluk, 2002, p. 202).

Os três conhecimentos (físico, social e lógico-matemático) estão relacionados entre si. Tanto o conhecimento físico como o social necessitam da estrutura lógico-matemática para a assimilação e organização e sendo que esse último tem sua origem no próprio sujeito (Almeida; Picarelli, 2018). Pode-se depreender, portanto, que o conhecimento social e o físico são externos ao indivíduo, já o lógico-matemático é construído internamente, a partir das vivências e conceituações que esse obtém nas suas interações (Kamii; Housman, 2002). Cada estudante apresenta características e modos de pensamento distintos, refletindo o progresso evolutivo da criança na compreensão e resolução de problemas.

Portanto, a teoria de Piaget ressalta que o comportamento aparentemente espontâneo da criança é, na verdade, fruto de um processo contínuo e sustentado de construção do conhecimento, uma sequência de conhecimentos intelectuais que se desenrolam de forma gradual e coerente. Ao compreender a lógica inspirada às ações infantis, torna-se possível apreciar a riqueza e complexidade do desenvolvimento cognitivo, além de oferecer orientações valiosas para práticas pedagógicas que promovem um ambiente estimulante e adequado ao crescimento intelectual das crianças, bem como promover situações de estimulação para o desenvolvimento dessas habilidades.

4.2 OS PROCEDIMENTOS DE CONTAGEM

A habilidade de contar é uma das bases do pensamento numérico. A todos nós há constantemente a necessidade, nas mais variadas circunstâncias, da realização de contagens (Caraça, 1951). A criança adentra o mundo das contagens, quantificações, o mundo da Matemática, muito antes de iniciar sua vida acadêmica (Kamii, 1992).

De acordo com Nogueira (2007), a primeira exposição das crianças ao conceito de número ocorre antes mesmo da contagem, pela correspondência termo-a-termo, que remonta às práticas utilizadas por homens pré-históricos ao relacionar uma coleção de objetos com uma "coleção-testemunho" de dedos. Em seguida, a criança desenvolve sua compreensão sobre a quantidade e o número ao comparar dois sistemas distintos de representação e tratamento da quantidade: as coleções-testemunho de dedos e a contagem. Essa comparação permite à criança delinear certos aspectos das noções de quantidade e número, proporcionando uma base para a construção de seu entendimento matemático.

A contagem é um dos princípios iniciais da vivência da criança com os conhecimentos lógico-matemáticos (Kamii, 1992). Identificar quantidades e realizar contagens são conhecimentos verbais de cunho social, que não necessariamente se relacionam com a identificação de algarismos ou a compreensão de quantidades (Richter; Ribeiro, 2021).

> A aquisição dos nomes dos numerais, como também, a aquisição dos procedimentos de contagem e o entendimento de porquê e o quê contar, requer a junção de vários conhecimentos de ordem conceitual e prática de parte do sujeito cognoscente. (Barbosa, 2012, p. 355).

A contagem emerge da combinação de fatores biológicos e experienciais (Geary; Hamson; Hoard, 2000). A contagem verbal é construída por meio de um complexo processo de desenvolvimento (Barbosa, 2012) fortemente embasado em conhecimentos sociais (Kamii, 1992). Para Fayol (1996), a habilidade de contagem desenvolve-se de forma rápida pela maioria das crianças, porém a conservação das quantidades em coleções maiores, e a contagem regressiva, mostra-se um desafio para crianças que ainda estão desenvolvendo essa habilidade.

A contagem é uma habilidade fundamental para a vida cotidiana e o sucesso acadêmico. Desde muito cedo as crianças começam a aprender a contar, para Fayol (1996), ainda muito jovens as crianças detectam e compreendem, por seus contextos sociais, que existem palavras para contar e outras palavras utilizadas para outras finalidades. Para Danyluk (2002), a contagem até dez elementos é realizada com facilidade para crianças, após essa quantidade fazem uso de nomes de números que apreenderam por meio de interações sociais, demonstram desde muito jovens que compreendem que existem palavras usadas para contar.

Quando observamos crianças pequenas contando é possível perceber que recitam números de forma aleatória, ou que "pulam" alguns objetos (Brasil, 2014). Já se os objetos estão espalhados acabam por contar mais de uma vez o mesmo item (Brasil, 2008b).

No processo de construção das habilidades matemáticas básicas, as crianças utilizam diversos procedimentos de contagem para compreender e apreender quantidades. Esses procedimentos são fundamentais para o desenvolvimento do pensamento numérico e fornecem uma base para a compreensão de conceitos matemáticos mais complexos. Para a criança, a contagem se mostra um processo lógico-matemático fortemente ancorado em seus conhecimentos sociais e físicos (Kamii, 1992). A identificação dos algarismos, o sentido de número simbólico, a compreensão do sistema de numeração decimal e a percepção do sistema posicional são aprendizagens posteriores, que normalmente ocorrem a partir da instrução acadêmica escolar (Jordan; Glutting; Ramineni, 2010).

Por este se tratar de um livro que aborda os aspectos da Educação Especial, especificamente no que tange a avaliação e estimulação das habilidades dos estudantes público-alvo da Educação Especial, me parece imprescindível que o professor identifique as estratégias de contagem empregadas pelo estudante. Os procedimentos de contagem de quantidades maiores do que três (Jordan; Glutting; Ramineni, 2010) ou números elementares, podem ser divididos em cinco princípios.

Iniciando pelo princípio de correspondência um a um, onde a criança irá marcar, nomear, cada um dos objetos do conjunto somente uma vez. Não observando os nomes dos algarismos, nem a ordem de contagem (Jordan; Glutting; Ramineni, 2008). Esse procedimento também pode ser nomeado como contagem Um-a-Um. Nessa primeira etapa, a criança irá estabelecer a correspondência um a um, que consiste em associar cada elemento de um conjunto a um elemento de outro conjunto, de forma que não haja sobra ou falta de elementos. Essa etapa é essencial para evitar erros na contagem e garantir que todos os elementos sejam considerados.

Terezinha Nunes e Peter Bryant (1997) elucidam o princípio de correspondência termo a termo como um dos fundamentais na contagem. Esse princípio estabelece a necessidade de contar cada objeto individualmente, garantindo que nenhum seja omitido ou contado mais de uma vez, a fim de obter uma contagem precisa. "A criança constrói, gradualmente, a noção de correspondência um a um entre os objetos e os nomes de números" (Piaget, 1978, p. 256). O cumprimento adequado desse princípio é de extrema importância para o desenvolvimento das habilidades matemáticas nas crianças, pois proporciona uma base sólida para a realização de cálculos numéricos precisos e o desenvolvimento de uma compreensão adequada das relações quantitativas. A adesão estrita ao princípio de correspondência termo a termo permite uma contagem confiável e consistente, evitando erros e contribuindo para a construção do conhecimento matemático na infância (Piaget, 1978).

O segundo princípio é a ordem estável, que significa que a ordem em que os elementos são contados não deve influenciar o resultado. O princípio da ordem estável é apresentado pelas crianças quando já conhecem a ordem numérica falada (Barbosa, 2007). Nessa contagem, os números são falados em ordem fixa e estável (Jordan; Glutting; Ramineni, 2010). Isso é importante porque, em muitos casos, os elementos podem ser contados de diferentes maneiras, e é necessário garantir que o resultado seja sempre o mesmo. Piaget (1978) afirma que a criança constrói, gradualmente, a noção de ordem estável dos números. Isso significa que a criança entende que os números seguem uma ordem fixa, de menor para maior.

Para Terezinha Nunes e Peter Bryant (1997), ao realizar a contagem, é fundamental que os nomes dos números sejam produzidos em uma sequência consistente a cada vez. A manutenção da ordem dos números (por exemplo, 1, 2, 3, 4, 5, 6 em uma ocasião e 1, 3, 6, 5, 2, 4 em outra) é essencial para garantir resultados consistentes ao contar o mesmo conjunto de objetos em momentos diferentes. Caso haja variação na ordem dos números utilizados na contagem, pode-se chegar a totais diferentes para o mesmo conjunto de objetos em momentos distintos, tornando a contagem inconsistente e comprometendo a precisão da quantificação numérica. Piaget (1978, p. 258) cita o seguinte exemplo ao explicar a ordem estável:

> Uma criança de 4 anos que conta um conjunto de cinco objetos pode dizer 'um, dois, três, quatro, cinco' ou 'cinco, quatro, três, dois, um'. No entanto, a criança entende que, independentemente da ordem em que ela conte os objetos, o resultado da contagem será sempre o mesmo. (Piaget, 1978, p. 258).

Portanto, o princípio da "ordem constante" é um aspecto essencial no desenvolvimento das habilidades matemáticas nas crianças, assegurando uma abordagem coerente e confiável na contagem e na compreensão das relações quantitativas.

O terceiro princípio da contagem é a cardinalidade, que consiste em atribuir um número a cada elemento do conjunto. Nesse princípio a criança faz uso do último numeral falado para definir a quantidade de objetos do conjunto (Geary, 2007). "No processo de descoberta de seu valor cardinal através da enumeração, é preciso ordená-los; contar este objeto primeiro, depois o seguinte, depois o outro, e assim por diante" (Flavell, 1992, p. 316).

A cardinalidade é indicada por Terezinha Nunes e Peter Bryant (1997) como a forma de determinar o número real de elementos em um conjunto de objetos durante o processo de contagem. Nesse contexto, o total de objetos corresponde ao último nome de número mencionado na contagem. Em outras palavras, se utilizarmos rótulos numéricos na contagem, por exemplo, contando até "cinco" (1-2-3-4-5), então o conjunto de objetos que estamos contando deve conter exatamente cinco elementos. "A criança constrói, então, a noção de irrelevância da ordem de contagem, que é a noção de que a ordem em que os objetos são contados não afeta o resultado da contagem" (Piaget, 1978, p. 261).

O princípio da cardinalidade destaca a importância de que a contagem esteja em consonância com a quantidade real de objetos presentes, garantindo uma correspondência precisa entre a nomenclatura numérica e a quantidade quantificada (Bryant, 2016). Esse princípio desempenha um papel fundamental no processo de contagem. Ao estabelecer uma relação clara entre os rótulos numéricos e a quantidade de objetos, esse princípio assegura que a criança compreenda a contagem como um meio confiável para a quantificação.

O uso adequado da cardinalidade permite que a criança atribua valor numérico aos conjuntos de objetos, desenvolvendo uma noção precisa de quantidade e estabelecendo os alicerces para a compreensão das relações numéricas. Dessa forma, o terceiro princípio, conhecido como o princípio da cardinalidade, desempenha um papel essencial no desenvolvimento das habilidades matemáticas básicas e no fortalecimento do entendimento conceitual das crianças acerca dos números e da quantificação (Gelman; Gallistel, 2004).

O quarto princípio é a irrelevância da ordem de contagem, que significa que os elementos podem ser contados em qualquer ordem, sem que isso afete o resultado (Piaget, 1978). Esse princípio se apresenta quando a criança percebe que as contagens podem ocorrer em qualquer sentido sem que se altere a quantidade final. "Os objetos podem ser contados da direita para esquerda, da esquerda para a direita, de cima para baixo, de baixo para cima, do meio para a esquerda, ou do meio para direita; enfim, de qualquer jeito sem que isso altere o resultado da contagem" (Barbosa, 2007, p. 186). Contando inclusive conjuntos heterogêneos e identificando todos os elementos (Jordan; Glutting; Ramineni, 2008). Essa etapa é importante porque permite uma maior flexibilidade na contagem e evita erros desnecessários (Gelman; Gallistel, 2004).

Por fim, o quinto princípio é o da generalização, que consiste em aplicar os princípios da contagem a diferentes situações e conjuntos, a criança fará uso de todos os princípios anteriores (Piaget, 1978). Conseguirá contar qualquer conjunto, "[...] seja este composto de objetos, ações ou sons" (Barbosa, 2007, p. 186), independente da composição dos objetos, ou de sua disposição, constituindo inclusive contagem de 2 em 2 ou 5 em 5 (Jordan; Glutting; Ramineni, 2008). Identificando que todos os elementos da coleção devem ser contados e apresentando compreensão de que a não contagem de algum elemento resulta em uma resposta incorreta (Geary, 2004). Essa etapa é fundamental para a compreensão dos princípios e para a aplicação prática da contagem em diversas áreas do conhecimento (Bryant, 2016).

Esses princípios de contagem verbal são construídos de forma hierárquica pelas crianças, constituindo-se de procedimentos de contagem verbal preditores das demais aprendizagens matemáticas posteriores (Geary, 2004). Mas "não basta de modo algum à criança pequena saber contar verbalmente 'um, dois, três, etc.' para achar-se na posse do número" (Piaget; Szeminska, 1975, p. 15), é preciso que amplie seus conhecimentos e compreenda o sistema de numeração. Clélia Nogueira (2007, p. 41) indica a diferença entre a contagem e a enumeração:

> É importante deixar claro que sucessão numérica e contagem não designam a mesma coisa. A contagem significa apenas estabelecer uma correspondência biunívoca nome objeto sem necessariamente entender que o último nome falado corresponde ao total da coleção, o que pode ser feito sem que tenha compreensão efetiva de todos os aspectos do número. A sucessão numérica (enumeração), por outro lado, envolve, além dos aspectos cardinal e ordinal do número, a compreensão da composição aditiva do número, a conservação e principalmente o fato de que é possível conhecer todos os números sem que seja necessário conhecê-los individualmente. (Nogueira, 2007, p. 41).

A contagem envolve estabelecer uma correspondência direta entre os nomes e os objetos, sem necessariamente compreender que o último nome falado representa o total da coleção (Bryant, 2016). Essa ação pode ocorrer sem uma compreensão completa de todos os aspectos do número. Por outro lado, a sucessão numérica (enumeração) vai além, incorporando os aspectos cardinal e ordinal do número, bem como a compreensão da composição aditiva do número e a conservação. O principal diferencial é a capacidade de conhecer todos os números sem necessariamente conhecê-los individualmente (Nogueira, 2007).

De acordo com Fayol (1996), o desenvolvimento da capacidade de realizar contagens orais requer que a criança adquira prática para memorizar a sequência numérica necessária, possibilitando o exercício de análises que levem à descoberta das regras de formação das expressões numéricas. Nesse processo, a criança se familiariza com os procedimentos de contagem, estabelecendo uma base sólida para o desenvolvimento posterior de conceitos numéricos mais complexos (Bryant, 2016). Essa perspectiva é corroborada pelos resultados de pesquisas que sugerem que as crianças, primeiramente, aprendem os procedimentos de contagem e, em seguida, constroem os conceitos numéricos (Barbosa, 2007).

Assim, os procedimentos de contagem desempenham um papel primordial na aquisição da contagem verbal, precedendo a compreensão e internalização dos princípios conceituais associados aos números. Ao estabelecerem uma sólida base numérica por meio da prática de contagem, as crianças têm a oportunidade de explorar as regras subjacentes às expressões numéricas, facilitando a compreensão do sistema numérico e o desenvolvimento de suas habilidades matemáticas fundamentais (Bryant, 2016). Para Gelman e Gallistel (2004, p. 123),

> As crianças têm uma compreensão inata de número, mas essa compreensão é desenvolvida através da interação com o ambiente. A contagem é uma forma importante de interação com o ambiente, e é através da prática de contagem que as crianças desenvolvem uma compreensão mais sofisticada dos números. (Gelman; Gallistel, 2004, p. 123, tradução livre).

As técnicas matemáticas seguem as regras da lógica, mas vão além dessas regras, o conjunto de costumes concebidos por nossos ancestrais e transmitidos de geração em geração permeia o contexto cultural do qual as crianças fazem parte (Nunes; Bryant, 1997). Essas convenções são necessárias para o domínio de técnicas matemáticas, fornecem maneiras de expressar conceitos e permitir que as pessoas pensem sobre eles e falem sobre eles (Caraça, 1951).

Os procedimentos de contagem desempenham um papel fundamental na construção das habilidades matemáticas básicas nas crianças. A partir da utilização desses procedimentos, as crianças desenvolvem o pensamento numérico, a compreensão das relações quantitativas e a capacidade de resolver problemas matemáticos. À medida que avançam em seu desenvolvimento cognitivo, as crianças refinam e ampliam seus procedimentos de contagem (Piaget, 1978), tornando-se cada vez mais proficientes nas habilidades matemáticas básicas e preparando-se para explorar conceitos matemáticos mais complexos no futuro.

4.3 RECONHECIMENTO DE NÚMEROS

Para muitas crianças o número é uma mera marca, assim como outros símbolos que fazem parte do cotidiano. Não atribuem ao algarismo o significado de posição ou quantificação (Lorenzato, 2010). Perpassando esse percurso histórico de desenvolvimento da contagem, do algarismo em nosso sistema de numeração decimal e posicional, identificou-se que algumas habilidades matemáticas básicas são preditoras para a construção desses conceitos. "As crianças devem compreender conservação a fim de saber o que estão fazendo quando contam" (Nunes; Bryant, 1997, p. 22).

Piaget e Szeminska (1975) fixaram-se nos preditores, nas aprendizagens essenciais para a construção do número. Para eles, a conservação de quantidades é obtida por meio da contagem e das noções. A correspondência, a classificação e a seriação são habilidades matemáticas adquiridas posteriormente (Lorenzato, 2018).

Os números são um conhecimento específico, construído por meio de interações sociais e fortemente relacionados às experiências lógico-matemáticas (Almeida; Picarelli, 2018). Piaget e Szeminska (1975) definem o número como uma reunião aditiva de unidades, indicando ainda que esse é ao mesmo tempo uma classe hierárquica e uma série. A compreensão sobre os princípios associados à contagem emerge da combinação de restrições inerentes e experiências de contagem (Geary, 2004).

A abstração reflexiva operada pela criança resultará na construção gradativa do conceito de número (Almeida; Picarelli, 2018). A compreensão dos números requer uma série de habilidades, como: os procedimentos verbais, a representação de números arábicos, a compreensão do valor posicional, compreensão do significado das quantidades destes números (Geary; Hamson; Hoard, 2000). Os procedimentos verbais são necessários para que a criança seja capaz de traduzir a informação oral do nome do número em uma notação arábica de distintos algarismos, esse método é denominado de transcodificação numérica, que é apontada como uma habilidade numérica básica (Nogues, 2021).

Para que a criança construa um conceito de número natural, será necessário que ocorra uma alteração em suas estruturas cognitivas existentes (Kamii, 1992). Com a constituição de novos esquemas será possível ocorrer a abstração conceitual do número. Visto que o conhecimento social e o físico, por si só, não geram essas abstrações, não trazem em si propriedades dos números naturais (Barbosa, 2012).

> O número se organiza, etapa após etapa, em solidariedade estreita com a elaboração gradual dos sistemas de inclusões (hierarquia de classes lógicas) e de relações assimétricas (seriações qualitativas), com a sucessão dos números constituindo-se, assim, em síntese operatória da classificação e da seriação. (Piaget; Szeminska, 1975, p. 12).

No Relatório Nacional de Alfabetização Baseada em Evidências (Renabe), organizado pelo Ministério da Educação, Vitor Geraldi Haase (Brasil, 2020d) indica que algumas poucas crianças conseguem intuir de forma espontânea os conceitos e os princípios dos números, suas relações e operações, para ele, a maioria delas necessitará de instrução formal para a compreensão desses artefatos culturais dos numerais simbólicos. Na BNCC (Brasil, 2017) temos que a progressão dos conhecimentos se dá por meio do aprimoramento da capacidade de enumerar elementos do espaço amostral, que está diretamente relacionada com problemas de contagem.

A dificuldade ou deficiência na compreensão de números e de contagens pode ser preditora de outras dificuldades acadêmicas como indicado no guia do curso do Programa de Formação Continuada de Professores dos Anos/Séries Iniciais do Ensino Fundamental da área de matemática (Brasil, 2008b, p. 8):

> Na verdade, para que a criança utilize bem o algoritmo quando for operar com as representações dos números dispostas em colunas, ela precisará de boas estratégias mentais para determinar os resultados das adições de números de um algarismo.

Para iniciar a compreensão das etapas de reconhecimento de número experienciadas e vividas pela criança retomo algumas concepções acerca dos números e da forma como os utilizamos. Considero fundamental que o professor observe os aspectos do nosso sistema de numeração para posteriormente analisar as dificuldades apresentadas pelos estudantes.

O sistema de numeração usado em diferentes culturas refere-se à forma tradicional de se referir e considerar o número de objetos em uma coleção, as regras lógicas que controlam as contagens, como a necessidade de manter inalterada a ordem de contagem das palavras, estão embutidas na lógica do sistema numérico específico que a criança aprende (Nunes; Bryant, 1997). No Sistema de Numeração Indo Arábico de escrita dos números, utilizamos dígitos. A base do sistema de numeração é a base 10, não à toa é a quantidade de dedos das duas mãos, a etimologia da palavra dígito nos remete ao *digitus* do Latim, que significa dedo (Caraça, 1951).

A contagem utilizando os dedos se apresenta como a precursora das demais aprendizagens básicas de quantificações e operações (Kamii, 1992). A utilização dos dedos mostra-se um recurso importante e de fácil acesso para a realização de contagens iniciais (Jordan; Glutting; Ramineni, 2010), visto que, como a elaboração do sistema de numeração decimal, que parte da concepção dos dez dedos, ao utilizar esses a quantificação se torna mais palpável (Caraça, 1951). As crianças costumam identificar visualmente quantidades pequenas de até 3 objetos (Brasil, 2017). "Uma criança sabe facilmente distinguir entre um conjunto com um, dois ou três elementos, mas não entende ainda que três conjuntos de um elemento possam se caracterizar como um conjunto de três elementos" (Lopes; Viana; Lopes, 2005, p. 24).

Piaget e Szeminska (1975) apontam os pequenos números como quatro ou cinco como números perceptuais, visto que podem ser facilmente identificados a partir da percepção visual direta. "Por outro lado, quando são apresentados sete objetos, é impossível distinguir "0000000", por exemplo, somente através da percepção" (Kamii, 1992, p. 9). "Os números pequenos que são maiores que quatro ou cinco são chamados de números elementares" (Kamii, 1992, p. 15).

Pode-se conceber que os dedos se constituem do primeiro material concreto que a criança fará uso para quantificar, representar e contar (Brasil, 2020d). "No início do seu desenvolvimento, a criança utiliza as mãos para realizar atividade matemática e é culturalmente estimulada a fazê-lo antes do processo de alfabetização e fora da escola" (Brasil, 2014, p. 11). Basta recordarmos como as famílias estimulam crianças pequenas a mostrarem com os dedos a sua idade.

O sistema verbal do sistema arábico caracteriza-se por um léxico restrito, pois corresponde aos algarismos de 1 a 9 e o 0, tendo duas regras básicas, a da adição e do valor posicional. "Na notação arábica, à medida que se avança uma posição da direita para a esquerda a magnitude numérica cresce por um múltiplo de dez" (Brasil, 2020d, p. 144). O princípio básico desse sistema é que com a utilização de dez símbolos, representando quantidades distintas, tendo dez unidades de uma ordem, forma-se imediatamente uma ordem superior (Brasil, 2014).

Essas ordens são agrupadas em classes de três (dezena, centena e milhar), pois se unem dez elementos para formar uma nova ordem (Brasil, 2008b). A reta numérica organizada por conjuntos de dez e em seguida com os conjuntos de 100 e assim por diante, é um componente essencial para a compreensão conceitual do sistema de numeração decimal (Geary, 2007).

Os povos primitivos, com contextos sociais mais simples que os nossos, conseguiram estabelecer contagens utilizando apenas os números naturais (Caraça, 1951). O contexto de múltiplas informações e a quantidade crescente de dados, levou as civilizações a criarem mais números (Caraça, 1951). A denominação "algarismo" se origina a partir do nome do matemático, astrônomo, astrólogo, geógrafo e autor persa Abu Abd Allah Muhammad Ibn Musa Al Khwarizmi, ou simplesmente Al-Khwarizmi (Nogueira, 2007). Seu sistema de numeração era constituído de 10 algarismos, então, a depender da posição que o algarismo ocupa, ele terá um valor distinto, o que configura o sistema de valor posicional (Caraça, 1951).

Essas duas concepções de sistemas: decimal e posicional, são aprendidas pelas crianças em seus contextos cotidianos, nas relações sociais e físicas que estabelecem para a construção de relações lógico-matemáticas. Mas a associação de quantidades de grupos aos seus algarismos não é suficiente para que a criança compreenda as "estruturas fundantes do Sistema de Numeração Decimal, pois, além de decimal, o sistema é posicional" (Brasil, 2014, p. 28).

O fato de que um "mesmo símbolo pode representar quantidades diferentes é uma grande vantagem de um sistema posicional. Utilizando apenas dez símbolos (os algarismos 1, 2, 3, 4, 5, 6, 7, 8, 9 e 0) somos capazes de representar qualquer número natural (Brasil, 2008b). Pode-se destacar, como ressaltam os PCNs, um exemplo significativo de número natural, no qual "os alunos podem perceber e verbalizar relações de inclusão, como a de que todo número par é natural; mas observarão que a recíproca dessa afirmação não é verdadeira, pois nem todo número natural é par" (Brasil, 1997, p. 38).

Pensando nessa concepção de número natural, Caraça (1951) traz que esse não é um produto puro do pensamento, que possa ser entendido como algo independente da experiência. Para ele, os homens não criaram os números naturais para depois contarem, pelo contrário, descreve que os números naturais são formados lentamente pela vivência e experiência com as contagens.

A construção do número pela criança seguirá esse mesmo percurso. Caracteriza-se como um processo histórico, onde por meio das vivências cotidianas, das necessidades, das inferências das pessoas que convivem com ela, as hipóteses passam a ser elaboradas (Almeida; Picarelli, 2018).

> Portanto, é necessário que a criança vivencie de diversos modos esse aprendizado, com diversos materiais. Quanto mais modelos utilizar, mais o pensamento da criança se torna flexível e mais fácil será chegar a um conceito mais abstrato, que poderá ser usado em novas situações. (Brasil, 2008b, p. 18).

A criação do número, do símbolo que representa as contagens, é bem mais recente do que se imagina (Nogues, 2021). Segundo Caraça (1951), é impossível definir com exatidão, mas há segurança em afirmar que o homem primitivo de 20.000 anos atrás não detinha o uso de números e nem possuía dos conhecimentos que dispomos hoje.

Esse entendimento de número, enquanto símbolo, enquanto construção histórica é importante para que possamos compreender o processo de construção do conhecimento Matemático (Brasil, 2008b). A criação dos números perpassa por um conjunto de várias etapas, essas permeadas por dificuldades e busca de soluções. Os estudantes ao construírem suas habilidades matemáticas vivenciam desse mesmo processo (Brasil, 2008b).

A utilização de um símbolo para representar a ausência de um algarismo se deu em função da necessidade da utilização da numeração escrita (Caraça, 1951). O zero foi o último algarismo a ser incorporado ao Sistema de Numeração que utilizamos (Brasil, 2014). Essa não é uma ideia simples, tanto que demorou muito tempo para ser desenvolvida pela humanidade (Brasil, 2008b).

A partir da utilização desse algarismo, pode-se identificar o valor posicional e realizar operações. Ao identificar o "nada", o zero está a representar uma ordem vazia, a ausência de quantidades (Brasil, 2014). Outra possibilidade que o zero traz é a de realização de operações, visto que possibilita com facilidade identificar os algarismos conforme seu valor posicional (Caraça, 1951).

Nas atividades cotidianas utiliza-se o conceito de dezena, e a conceituação multiplicativa de 10, 100 e 1000 e muitas vezes não se identifica o quão arbitrário é esse sistema (Nunes; Bryant, 1997). Grande parte da complexidade cognitiva da Matemática e as dificuldades que surgem no processo de aprendizado derivam de sua natureza cultural (Brasil, 2020d), sua natureza de conhecimento social constituído e ampliado pelas relações sociais. A capacidade de identificar e compreender os símbolos numéricos é essencial para o avanço nas habilidades matemáticas.

4.4 ESTRATÉGIAS DE CÁLCULO

No contexto da compreensão das habilidades dos estudantes público-alvo da Educação Especial compreender as estratégias de cálculo empregadas pelas crianças durante o processo de aprendizagem matemática pode auxiliar grandemente na definição de estratégias para as intervenções. Entendemos nesse texto as estratégias de cálculo como procedimentos mentais e físicos utilizados para a realização de operações matemáticas.

Ao conceituar as estratégias de cálculo empregadas pelas crianças indico que essas são empregadas muito antes do ensino formal das operações ou algoritmos. Kamii (1992) aponta que muitas crianças resolvem operações, sem utilização de algoritmos, mesmo antes de iniciarem sua vida acadêmica formal nos anos iniciais do ensino fundamental. Os nomes dos números são facilmente assimilados, assim como a contagem sequenciada, visto que possuem a mesma ordem e nomenclatura (Richter; Ribeiro, 2021).

Para Kamii e Declark (1993) somente após a criança ter construído uma relação hierárquica de quantidades é que será capaz de entender algoritmos. De modo que as operações formais, com a utilização de algoritmos requerem um conhecimento de nível superior de abstração (Richter; Ribeiro, 2021). Nas práticas cotidianas as crianças são levadas por seu contexto social a operarem de distintas formas.

Por exemplo, quando a criança realiza a compra de um produto, ela precisa contar a quantidade de itens que irá solicitar. Os jogos e brincadeiras infantis, mesmo os eletrônicos e digitais, apresentam contagem de pontos e níveis. "No processo de alfabetização, a criança necessita sustentar suas ações na contagem concreta, um a um, formando novas ordens, agrupando e posicionando" (Brasil, 2014, p. 80).

> A conceituação da operação de adição serve de base para boa parte de aprendizagens futuras em Matemática. A criança deve passar por várias experiências concretas envolvendo o conceito da adição para que ela possa interiorizá-lo e transferi-lo para a aprendizagem do algoritmo, que vem a ser um mecanismo de cálculo. (Brasil, 2008b, p. 19).

O Referencial Curricular Nacional para Educação Infantil (RCNEI) (1998, p. 213) ressalta que "as noções matemáticas [...] são construídas pelas crianças a partir das experiências proporcionadas pelas interações com o meio, pelo intercâmbio com outras pessoas". Ao realizar operações de adição a criança inicialmente faz uso de distintas estratégias, os procedimentos iniciais de contagem costumam ser executados com auxílio dos dedos (Corso; Assis, 2018), há crianças que utilizam estratégia verbal (Geary, 2004). Ao contar oralmente costumam falar em voz alta, ou apenas movendo os lábios, utilizando ou não os dedos e a contagem silenciosa, caracterizando-se como um cálculo interno (Corso; Assis, 2018).

O cálculo interno é um cálculo que não necessita de qualquer recurso externo (dedos, materiais de contagem), é uma habilidade desenvolvida ao longo do tempo, a partir da compreensão dos números e das operações matemáticas (Piaget; Szeminska, 1975). Geary (2004) sugere que o cálculo interno é uma habilidade que pode ser treinada e aprimorada. Os jogos de memória numérica podem ser válidos visto que auxiliam as crianças a memorizem números. A contagem estimula e desenvolve a noção de sequência numérica que auxiliará na resolução por meio do cálculo interno.

No cálculo, as crianças comumente utilizam procedimentos distintos: contar tudo; juntar ou contar para a frente (Kamii; Housman, 2002); contar a partir do primeiro ou sobre contagem; contar a partir do maior; contagem regressiva de; contagem regressiva para e contando a partir de um número dado (Pires, 2008). Pires (2008) e Fayol (1996) apresentam uma síntese dos procedimentos de contagem da criança ao operar adições.

Pires (2008) utiliza o termo contar tudo para o primeiro procedimento de contagem da adição, já Fayol (1996) denomina esse procedimento de contagem efetiva da totalidade dos elementos. Nessa estratégia de cálculo a contagem de todos os elementos presentes em uma coleção ou conjunto é realizada. Essa abordagem envolve a contagem individual de cada item, sendo especialmente útil em situações que envolvem pequenos conjuntos ou quando o estudante ainda está desenvolvendo suas habilidades numéricas.

A contagem de tudo permite que a criança identifique e atribua valor a cada elemento, fortalecendo a compreensão dos princípios básicos da contagem e da correspondência termo a termo. Ao utilizar esse procedimento a criança inicia a contagem pelo algarismo um e segue até chegar ao final da coleção ou dos objetos (Kamii, 1992). Quando realizam essa operação com algarismos arábicos, algumas podem fazer uso dos dedos, controlando assim o cálculo (Pires, 2008). Esse procedimento pode ser subdividido em uma etapa intermediária, denominada de: Juntar ou Contar para a Frente.

Essa estratégia envolve a adição de números por meio da contagem progressiva, também conhecida como contagem para a frente (Pires, 2008). O estudante soma as quantidades, contando de forma sequencial e crescente, para chegar ao resultado. Essa estratégia é útil para adições simples e progressivas, permitindo ao estudante acompanhar o aumento gradual das quantidades enquanto realiza o cálculo (Geary, 2004).

O segundo procedimento apontado por Pires (2008) e Fayol (1996) é o de contar tudo a partir do primeiro termo ou sobre contagem, é uma estratégia mais avançada, onde a criança já não realiza a contagem de todos os elementos da coleção ou termos (Pires, 2008). Nessa estratégia, o estudante realiza a contagem a partir do número "1" ou do primeiro item presente na coleção, repetindo a sequência numérica até alcançar a quantidade desejada. Por exemplo, para contar cinco objetos, o estudante pode começar contando "1, 2, 3, 4, 5".

A sobre contagem é especialmente útil para estudantes que estão na fase inicial de desenvolvimento numérico, pois auxilia no estabelecimento da correspondência termo a termo e fortalece a memorização da sequência numérica. Ao utilizar essa estratégia a criança mostra que já percebe que uma quantidade está incluída na outra, não necessitando utilizar o todo (Brasil, 2014). Por exemplo, ao resolver a operação 2+4 a contagem inicia contando 1, 2, ...3 (1 a mais), 4 (2 a mais), 5 (3 a mais), 6 (4 a mais) (Fayol, 1996). Sobre esse procedimento o Pacto Nacional pela Alfabetização na Idade Certa: Saberes Matemáticos e Outros Campos do Saber (Brasil, 2014) indica que:

> Ao fazer sobre contagem, a criança já compreende a ordem, a inclusão e a conservação das quantidades envolvidas na situação. Este recurso subsidia o cálculo mental e pode ser empregado ao fazer cálculos intermediários, facilitando a compreensão das técnicas operatórias, além de ser um controle dos resultados para cálculos escritos. (p. 68).

O terceiro procedimento de contagem consiste em contar tudo a partir do maior dos dois termos, é uma estratégia idêntica à de contar a partir do primeiro termo, mas, o estudante fará a contagem de todos os termos (Pires, 2008). Essa estratégia de cálculo envolve identificar o número maior na coleção e contar a partir dele até alcançar o total desejado. Por exemplo, para calcular a diferença entre dois pesos, o estudante pode contar a partir do número maior para determinar o valor da subtração. Essa abordagem é útil em situações de comparação e identificação de diferença. Sobre a resolução, Fayol (1996, p. 103) traz "por exemplo: 2+6 será contado assim: 1, 2, 3, 4, 5, 6, 7 (+1), 8 (+2)".

O quarto procedimento é contar começando pelo maior dos dois termos (Fayol, 1996), a criança já apresenta a estratégia de buscar o maior termo ou algarismo para diminuir a sua resposta (Pires, 2008). A criança costuma declarar o maior termo, e em seguida realiza a contagem um número de vezes igual ao valor do menor termo (Geary; Hamson; Hoard, 2000). Ficando implícito que compreende a propriedade comutativa da adição, pois identifica que a ordem dos termos não altera o resultado da adição (Pires, 2008).

Pires (2008) ainda traz os seguintes procedimentos de contagem:

A contagem regressiva de, caracteriza-se pelo procedimento de contar para trás a partir do maior número. A contagem regressiva de é uma estratégia utilizada para realizar subtrações, onde o estudante inicia a contagem a partir do número total e subtrai a quantidade desejada. A sequência terá tantos números quanto o maior algarismo da operação (Pires, 2008). Com relação à contagem oral, Fayol (1996, p. 36) indica a forma como as crianças costumam contar de trás para frente, essa é uma habilidade que será empregada na resolução de algoritmos:

> Por exemplo, uma criança para quem se pede que conte às avessas a partir de 18 procede da seguinte maneira:
> 1) movimentos labiais de fraca amplitude: [...] 14 15 16 17 18... depois
> 2) formulação em voz alta: 18 17 16 depois

3) movimentos labiais [...] 13 14 15 em seguida
4) formulação em voz alta 15 14 13. (Fayol, 1996, p. 36).

No procedimento de contagem regressiva denominado por Pires (2008) de "para, a", a criança realiza a contagem sequenciada regressivamente até que o menor número seja atingido. Ao contrário da contagem regressiva de, a contagem regressiva para a, é uma estratégia utilizada para calcular adições. O estudante começa com a quantidade atual e adiciona a quantidade desejada por meio da contagem regressiva. Nesse procedimento o uso dos dedos costuma ser comum, pois será preciso identificar os números apontados para a solução (Pires, 2008).

Ao utilizar o procedimento de contar a partir de um número dado, a criança segue contando para a frente começando no menor número até o maior. Nessa estratégia, o estudante realiza uma contagem a partir de um número específico fornecido. Essa abordagem é comumente utilizada para calcule em saltos ou intervalos específicos, permitindo ao estudante avançar ou retroceder em uma sequência numérica de acordo com as necessidades do conhecimento. Novamente os dedos se mostram importantes para identificar mais facilmente a quantidade de números na sequência (Pires, 2008).

As estratégias e procedimentos de contagem são preditores da operação com algoritmos e da própria construção do número. O desenvolvimento dessas estratégias ocorre à medida que a criança passa a realizar contagens de forma mais fluente e sofisticada (Gersten; Jordan; Flojo, 2005).

A construção da estratégia de cálculo é um processo progressivo que envolve diversas etapas ao longo do desenvolvimento da criança. Desde a contagem concreta e o uso de materiais manipulativos até a utilização de estratégias formais, as crianças desenvolvem habilidades matemáticas que permitem resolver problemas numéricos de maneira cada vez mais sofisticada e eficiente. A construção da estratégia de cálculo é essencial para a aquisição de competências matemáticas mais complexas e para o desenvolvimento de uma base sólida para o pensamento lógico e a resolução de problemas em outras áreas do conhecimento.

4.5 O QUE SÃO AS HABILIDADES MATEMÁTICAS BÁSICAS?

A aquisição das habilidades matemáticas básicas é um marco crucial no desenvolvimento cognitivo da criança. As habilidades matemáticas fornecem uma estrutura e alicerce para a compreensão do mundo quantitativo que está por perto, permitindo que a criança explore e interprete aspectos numéricos em diversas situações. A organização das estruturas cognitivas se dará a partir das etapas pelas quais a criança for vivenciando as suas experiências matemáticas, "o pensamento se constitui em inteligência ao ser interiorizado e se torna base de equilíbrio para novas aprendizagens" (Almeida; Picarelli, 2018, p. 46).

Na busca por esse equilíbrio, deve-se propor e possibilitar diversas experiências num contexto rico de possibilidades permitindo que ela amplie suas habilidades matemáticas (Brasil, 2008b) e tenha distintos esquemas para elaborar suas hipóteses (Piaget; Szeminska, 1975). "As crianças devem ter a oportunidade de inventar (construir) as relações matemáticas em vez de simplesmente entrar em contato com o pensamento adulto já pronto" (Wadsworth, 1997, p. 188).

Os PCNs (Brasil, 1997) destacam que é necessário trabalhar a partir dos conhecimentos já adquiridos pelos estudantes:

> A importância de se levar em conta o "conhecimento prévio" dos alunos na construção de significados geralmente é desconsiderada. Na maioria das vezes, subestimam-se os conceitos desenvolvidos no decorrer da atividade prática da criança, de suas interações sociais imediatas, e parte-se para o tratamento escolar, de forma esquemática, privando os alunos da riqueza de conteúdo proveniente da experiência pessoal. (Brasil, 1997, p. 22).

No que tange aos estudantes público-alvo da Educação Especial, a identificação dos conhecimentos prévios é primordial para a adaptação ou elaboração de atividades de acordo com a capacidade cognitiva dos estudantes. Da mesma forma, a identificação de habilidades matemáticas básicas é de suma importância para o desenvolvimento global dos estudantes público-alvo da Educação Especial.

A habilidade de identificar as estratégias adotadas pelos estudantes é fundamental para proporcionar uma educação personalizada e eficaz, visando ao fortalecimento de suas competências numéricas e ao seu engajamento no processo de aprendizagem (Wadsworth, 1997). Assim, ao identificar e considerar as habilidades matemáticas básicas dos estudantes da Educação Especial, os educadores desempenham um papel crucial no seu desenvolvimento acadêmico e no estímulo ao seu potencial para o aprendizado matemático.

Piaget (2013) aponta que os agrupamentos são a base das habilidades matemáticas básicas, cada criança dispõe de classificações, seriações, seus próprios sistemas de explicações, sua cronologia pessoal, em relação direta com os espaços e vivências matemáticas. Esses agrupamentos, como Piaget (2013) denomina, não surgem do nada, mas, depois de formados, perduram por toda a vida, indica que a criança realiza a classificação, as comparações, estabelece a ordem no espaço e no tempo, faz cálculos a depender dos problemas que vivencia.

> A primeira grande estratégia para contar e representar é o agrupamento. Formar grupos organiza o que deve ser contado, tornando mais fácil não esquecer objetos e evitando que um mesmo objeto seja contado mais de uma vez. (Brasil, 2008b, p. 12).

Assim, a cada novo problema, uma resposta com um agrupamento diferente é criada, e esses necessitarão ser classificados, seriados etc., denomina de agrupamento prévio, ou esquema antecipador, essa estrutura que se organiza para buscar a solução para os problemas vivenciados (Piaget, 2013). Com base nisso, as habilidades matemáticas básicas estão divididas em sete habilidades.

4.5.1 Correspondência

A correspondência ou agrupamento é um dos primeiros e mais importantes processos mentais (Lorenzato, 2018; Geary, 2007). A correspondência é um processo mental que envolve a associação de um elemento de um conjunto com um elemento de outro conjunto, de forma que cada elemento seja associado a apenas um elemento do outro conjunto. É um processo mental fundamental para a construção do conceito de número, pois é a partir dela que a criança começa a compreender a relação entre quantidade e número.

Piaget e Szeminska (1975) afirmam que a correspondência é um processo mental que precede a contagem. Para eles, a correspondência é uma condição necessária para a construção da estrutura numérica. Gelman e Gallistel (2004) corroboram afirmando que a correspondência é um processo mental fundamental para a construção do conceito de número. Para eles, a correspondência é uma das habilidades matemáticas básicas que as crianças desenvolvem no início da vida.

Para Lopes, Viana e Lopes (2005), a correspondência surge com o homem primitivo com a criação de animais; segundo esses autores, a correspondência era realizada com pedras, onde se utilizava uma pedra para cada animal que era levado a pastar. Ao final do dia o pastor fazia a equivalência entre as pedras e os animais, possuindo assim um artifício para quantificar, mesmo sem a utilização de algarismos.

As crianças, assim como o homem primitivo, estabelecem correspondência antes de conhecer os algarismos, sem a instrução acadêmica formal (Kamii, 1992). "Na correspondência [...], os elementos se correspondem univocamente em função de suas qualidades. Por considerarem apenas as qualidades, as correspondências qualitativas independem da quantificação" (Montoya et al., 2011, p. 57). A correspondência é importante para a construção do conceito de número porque permite à criança compreender a relação entre quantidade e número; comparar quantidades; desenvolver habilidades de contagem; aprender conceitos matemáticos mais complexos, como adição, subtração, multiplicação e divisão.

Para Lorenzato (2018), o papel da noção de quantidade é fundamental para a posterior construção do número. A correspondência um a um entre elementos de distintas coleções conduz à comparação de quantidades e prepara a criança para a construção do conceito de igualdade e desigualdade entre os números (Brasil, 2008b). Mesmo que a criança não associe a ideia de número (Lorenzato, 2018) por meio de atividades que envolvam correspondência, ela irá desenvolver a equivalência de conjuntos que possuem a mesma quantidade de componentes (Werner, 2008).

O princípio da quantificação conduz ao estudo da correspondência (Piaget; Szeminska, 1975), pondo que esse processo mental básico pode ser resumido como o ato de estabelecer a relação "um a um" (Lorenzato, 2018). Quando a criança realiza contagens costuma apontar um dos elementos e nomeá-los, o último número pronunciado corresponde ao total da coleção. "Quando a criança iguala uma coleção à outra pela correspondência termo a termo, os aspectos cardinais e ordinais do número podem se manifestar ainda indiferenciados em suas ações" (Rangel, 1992, p. 124).

Para Caraça (1951), a contagem se realiza ao passo que se faz corresponder sucessivamente, a cada objeto da coleção, um número ou uma marca. Para ele, "fazer corresponder" é uma das operações mentais mais importantes, sendo utilizada várias vezes durante o dia. Já Rangel (1992) aponta que a correspondência termo a termo é necessária para a construção da estrutura numérica, não sendo, no entanto, condição suficiente para a construção dessa.

A correspondência termo a termo, ou correspondência biunívoca, é um conceito matemático que se refere a uma relação entre conjuntos em que cada elemento do primeiro conjunto está relacionado a um e apenas um elemento do segundo conjunto, e vice-versa. Essa relação é também chamada de correspondência um-para-um. Montoya *et al.* (2011, p. 57) explicam que:

> A correspondência biunívoca qualquer ou matemática, não é estabelecida em função das semelhanças qualitativas, mas, associando um elemento qualquer de um dos conjuntos a um elemento também qualquer do outro, com a única condição de que cada elemento seja colocado em correspondência uma única vez, o que implica em uma quantificação, pressupondo a unidade. (Montoya *et al.*, 2011, p. 57).

Nessa correspondência ou associação mental de dois entes há exigência da presença de um antecedente e um consequente, "a maneira pela qual o pensar no antecedente desperta o pensar no consequente chama-se lei da correspondência" (Caraça, 1951, p. 7).

A correspondência de um consequente a um antecedente denomina-se unívoca, quando vier a acontecer de um a um e a recíproca também, denomina-se biunívoca (Caraça, 1951). Para Piaget e Szeminska (1975), a correspondência biunívoca ou recíproca pode ser entendida como o ato de atribuir a cada elemento de um conjunto um elemento do outro conjunto, continuando assim até um, ou ambos os conjuntos, fiquem sem elementos. Para Montoya *et al.* (2011), a correspondência biunívoca não pode ser simplesmente transmitida como um conhecimento social.

Os dedos das mãos podem ser utilizados pela criança para estabelecer a correspondência biunívoca. "Esta relação biunívoca pode permitir relações mais poderosas e complexas, quando cada dedo pode representar um grupo, de dez, cem, mil..." (Brasil, 2014, p. 13). Geary (2007), ao apontar as competências matemáticas primárias essenciais, utiliza o termo ordinalidade para a correspondência de conjuntos de três a quatro elementos (Geary, 2007).

Para Lorenzato (2018, p. 95), a correspondência é dividida em quatro etapas. A primeira etapa é a "percepção visual direta, apresentando uma disposição espacial que apresentando uma disposição espacial que resulta a correspondência ótica, visual, de elemento para elemento".

A correspondência um a um relaciona-se com a compreensão da cardinalidade, visto que, se ambos os conjuntos possuem o mesmo número de objetos, então esses estarão associados com um elemento do outro conjunto (Nogues, 2021). Sobre a cardinalidade, Piaget e Szeminska (1975, p. 219) apontam que

> [...] um número cardinal é uma classe cujos elementos são concebidos como "unidades" equivalentes umas às outras e, no entanto, distintas, com suas diferenças consistindo então unicamente em que se pode seriá-las e, portanto, ordená-las.

A percepção visual indireta é assim denominada, pois "a disposição espacial dos elementos de um conjunto é diferente da disposição espacial dos elementos do outro conjunto" (Lorenzato, 2018, p. 95).

Já "a percepção da correspondência de um elemento a um conjunto, com vários elementos de outro conjunto e vice-versa" (Lorenzato, 2018, p. 95), refere-se à relação de associação que os elementos mantêm em distintos conjuntos. Essa correspondência de um para muitos, segundo Nogues (2021), relaciona-se com a compreensão da multiplicação e a relação inversa das adições e subtrações.

Na associação de uma mesma ideia presente em dois objetos diferentes (Lorenzato, 2018), os elementos não terão características ou quantidades em comum, a utilização ou a relação entre eles é o que permitirá a correspondência.

> A correspondência é um processo necessário para a construção do conceito de número e das operações. Quando a criança mostra dificuldades na aprendizagem da matemática, pode ser pelo fato de não ter compreendido o processo de correspondência na sua totalidade. (Werner, 2008, p. 24).

Para Lopes, Viana e Lopes (2005), as crianças precisam ser estimuladas a realizarem correspondências, pois acreditam ser esse um primeiro passo para que ao chegarem na ordenação, compreendam que um número está dentro do outro. "É somente quando a correspondência termo a termo, inicialmente qualitativa, torna-se então numérica, que a numeração falada atinge o seu real significado e passa a ser utilizada como um instrumento da razão" (Rangel, 1992, p. 130).

Jordan, Glutting e Ramineni (2008) ressaltam que crianças conseguem descrever diferenças globais em conjuntos de pequenas quantidades, fazendo uso da sua percepção visual, mesmo sem conhecer os algarismos. Para eles, as crianças posteriormente conseguirão incorporar esquemas de contagem que possibilitarão a ampliação das habilidades de quantificação.

Para Barbosa (2007), mesmo que as crianças saibam os nomes dos números, ainda levarão algum tempo para entenderem o valor cardinal da quantidade. E ainda mais tempo para que utilizem a sequência numérica para dialogar sobre quantidades de um conjunto de elementos (Barbosa, 2007).

A habilidade de corresponder mostra-se um importante preditor para a compreensão de que "dez unidades correspondem à uma dezena, que 1000 possui 10 centenas e igualmente para compreender por que, em 11, os algarismos iguais possuem significados distintos" (Lorenzato, 2018, p. 95).

Para estimular o desenvolvimento da habilidade de corresponder pode-se realizar atividades como o pareamento de objetos de acordo com características específicas, como a cor, forma ou tamanho. A contagem de objetos com a associação de um número a cada um, pode-se ainda comparar conjuntos com quantidades distintas de objetos.

4.5.2. Comparação

A habilidade de comparação está presente nas mais distintas situações cotidianas. "No cotidiano das pessoas, a comparação é um dos processos mentais mais frequentemente utilizados." (Lorenzato, 2018, p. 102). A comparação é uma habilidade matemática essencial para a compreensão do mundo ao redor. A comparação envolve a identificação de semelhanças e diferenças entre objetos, números, letras e outros elementos. Pode ser compreendida como o processo de identificar semelhanças e diferenças entre dois ou mais elementos.

A habilidade de comparar é realizada pela sociedade desde a antiguidade. Para Caraça (1951), a comparação é um preditor para as habilidades de medição, existindo duas grandezas da mesma espécie, estando essas em comparação, há ali um processo de medição.

> A comparação de grandezas de mesma natureza que dá origem à ideia de medida é muito antiga. Afinal, tudo o que se descobre na natureza é, de alguma forma, medido pelo homem. Assim, por exemplo, a utilização do uso de partes do próprio corpo para medir (palmos, pés, polegadas) pode ser uma estratégia inicial para a construção das competências relacionadas a esse tema porque permite a reconstrução histórica de um processo em que a medição tinha como referência as dimensões do corpo humano, além de destacar aspectos curiosos como o fato de que, em determinadas civilizações, as medidas do corpo do rei eram tomadas como padrão. (Brasil, 2008b, p. 16).

Caraça (1951) aponta as unidades de medidas com relação direta de área como habilidades dependentes da habilidade de comparação, a geometria está intimamente relacionada com essa habilidade. Comparar envolve as noções de tamanho, de distância e de quantidade (Werner, 2008). A valorização das percepções presentes na experiência vivida é de grande importância para a construção de conceitos matemáticos, pois permite à criança observar semelhanças e diferenças, além de facilitar o estabelecimento de novas relações. As comparações visuais emergem de forma espontânea nesse processo, fornecendo uma base sólida para o desenvolvimento do pensamento matemático e enriquecendo a compreensão do mundo ao seu redor (Danyluk, 2002).

Terezinha Nunes e Peter Bryant (1997, p. 133) problematizam a utilização da habilidade de comparação para a resolução de problemas:

> [...] as crianças sabem o que "mais" e "menos" significam em termos de comparações, mas elas não conseguem conectar este conhecimento a uma estratégia para quantificar a diferença. Se este fosse o caso, ensinar crianças a resolver problemas de comparação poderia conduzi-las a estabelecer uma conexão entre as estratégias que elas têm a sua disposição para resolver problemas de equalização e 'não conseguirão' e seus conceitos de adição e subtração.

Esse processo de desenvolvimento da habilidade de comparação deve ser estimulado para que os estudantes consigam utilizar essa habilidade em distintas situações. Ao compararem diversas situações, objetos, números, letras e outros elementos presentes em suas vivências, as crianças são capazes de construir novos conhecimentos, identificando semelhanças, diferenças e relações entre esses elementos. Essa habilidade comparativa é essencial para o processo de aprendizagem, permitindo que as crianças explorem e compreendam o mundo ao seu redor de forma mais abrangente e significativa (Danyluk, 2002).

Para Piaget e Inhelder (1975), a criança antes de aprender a classificar e seriar os objetivos já estabelece relações de semelhança e diferença com base nas percepções. É por meio da habilidade de comparação que se inicia a noção de igualdade, que é preditor para as noções de adição e posteriormente de divisão (Lorenzato, 2018). "Com emparelhamento de elementos, é possível auxiliar as crianças a identificarem as diferenças entre dois conjuntos para a subtração, auxiliando assim na percepção concreta para identificar 'quanto a mais'" (Brasil, 2008b, p. 21).

Para Lorenzato (2018), a comparação possui alguns aspectos a serem observados, segundo o autor, o tipo mais fácil de comparação é aquele que se dá entre dois elementos idênticos ou da mesma espécie. Já quando houver dois elementos de distintas espécies é preciso observar para que as características dos elementos não confundam a criança (Lorenzato, 2018). Ao comparar três elementos a criança necessitará de noções de transitividade, visto que deverá atribuir características distintas a três elementos simultaneamente (Lorenzato, 2018). "As atividades com a comparação são importantes, pois permitem a compreensão para classificar, seriar, incluir e para a conservação." (Werner, 2008, p. 26).

Em suma, a habilidade de comparar é essencial para a compreensão de conceitos matemáticos básicos como a igualdade, diferença, adição, subtração, multiplicação e divisão. É essencial para a resolução de problemas matemáticos. O desenvolvimento dessa habilidade permite a exploração e a compreensão de situações cotidianas de forma mais abrangente e significativa.

Para desenvolver essa habilidade pode-se propor atividades de comparação de objetos observando características como a cor, o tamanho, a forma, a textura, o peso. Pode-se ainda desenvolver jogos e atividades de comparação de números; essas propostas são interessantes quando as crianças estão construindo seu senso numérico, pois a depender da ordem em que o algarismo está ele possui um valor diferente. A comparação de letras, com sua grafia e som, bem como a problematização de problemas, seja por meio de atividades ou jogos.

4.5.3. Classificação

A classificação é uma habilidade essencial que permite às crianças separarem objetos com base em características comuns ou distintas. A classificação é o processo de separar objetos em grupos com base em características comuns ou distintas. Essa habilidade normalmente surge após o processo de comparação.

Para desenvolver essa capacidade, é fundamental oferecer uma ampla variedade de materiais diversificados, incluindo objetos físicos e figuras móveis, para que as crianças possam manipulá-los e estabelecer relações, formando conjuntos. É importante ressaltar que não existem respostas ou classificações erradas; ao contrário, devemos incentivar ações como separar por cor, tamanho, espécie, ou até mesmo promover brincadeiras no pátio, como separar alunos por sexo, idade, cor de cabelo, ou de sapato, entre outras características (Schimitt, 2017).

A classificação pode ser compreendida como o ato de separar em categorias de acordo com semelhanças e diferenças (Lorenzato, 2018), ou agrupar objetos de um determinado conjunto com base em um atributo, separando os que se distinguem do aspecto analisado (Rangel, 1992). Para realizar a classificação a criança precisará escolher ou determinar um critério, alguma regra ou princípio, para, então, separar os elementos do conjunto que possuem as características que está a utilizar como critério (Werner, 2008). "Classificar, portanto, significa situar partes num todo e identificar partes de um todo." (Werner, 2008, p. 28).

Lorenzato (2010) indica que as pesquisas apontam que o estabelecimento de critérios perceptuais surge antes, com maior facilidade, do que os critérios conceituais, visto que esses são abstratos. Para Schimitt (2017), toda classificação é precedida por uma comparação, ressalta que na classificação não existem classificações erradas, pois consiste numa operação de separar um determinado conjunto do todo apresentado. A ação da criança na classificação "explica-se pela reversibilidade gradual do pensamento, enquanto sua incoordenação inicial, assim, prende-se à irreversibilidade própria à intuição ou à percepção imediata" (Piaget; Szeminska, 1975, p. 275). Rangel (1992) indica que a classificação operatória só será atingida pela criança quando conseguir estabelecer assimilação recíproca entre os aspectos qualitativos e quantitativos.

É possível realizar classificações com dificuldades crescentes (Piaget, 2013). Numa escala crescente de dificuldade o agrupamento de objetos que possuem alguma coisa em comum é o mais simples e facilmente perceptível para a criança (Lorenzato, 2018). A continuação da classificação por observação requer que a criança continue a classificação iniciada por outra pessoa (Lorenzato, 2018), já naquelas em que se exige a descoberta de um critério, há um conjunto de elementos distintos que podem ser classificados em diferentes critérios, a criança deverá separá-los a partir desses critérios que lhe foram especificados, necessitando de abstração reflexiva para fazê-lo (Werner, 2008).

Ao classificar os mesmos objetos por distintos critérios (Lorenzato, 2018), a criança terá um conjunto com os mesmos objetos e aplicará classificações sobre esses a partir de suas características, podendo, portanto, fazer uso de distintas formas, a partir dos aspectos que for empiricamente analisando (Werner, 2008). Na classificação dentro de uma classificação (Lorenzato, 2018) a criança identificará que ao realizar a classificação dos elementos do seu conjunto, novas subclassificações podem ser feitas (Werner, 2008).

Falhas nessa habilidade indicam que a criança ainda não construiu adequadamente a comparação (Lorenzato, 2018). "Uma criança que ainda não desenvolveu um esquema classificatório estável tende a manifestar essa deficiência conceitual em praticamente todo aspecto em que ocorram relações de classe." (Furth, 1976, p. 62). Lorenzato (2018, p. 110) ainda aponta que "a classificação prepara a criança para a percepção da inclusão, da ideia de conter e estar contido, de estar dentro de, de subconjunto".

O envolvimento ativo de todas as crianças nessas atividades e a livre expressão de suas respostas são cruciais para o desenvolvimento adequado dessa habilidade. Caso a classificação não seja adequadamente trabalhada, as crianças poderão enfrentar dificuldades na formação do conceito de número e na compreensão das relações entre objetos, números e quantidades (Schimitt, 2017).

A falta de oportunidade para desenvolver essa habilidade no momento oportuno pode comprometer a construção do conhecimento relacionado aos números. Portanto, ao promover atividades que estimulem a classificação, oferecemos às crianças uma base sólida para o desenvolvimento de habilidades matemáticas essenciais e a compreensão abrangente do mundo que as cerca.

4.5.4. Sequenciação

A sequenciação é uma habilidade matemática essencial que permite às crianças organizarem elementos em uma ordem específica, sem necessariamente estabelecer critérios. Na habilidade de sequenciação a criança irá suceder a um elemento outro qualquer, sem critérios preestabelecidos (Lorenzato, 2018). A partir da sequenciação se desenvolve a percepção de que a ordem dos fatos não altera o resultado (Werner, 2008). "Sua importância está em preparar o contraste com a seriação, em que a ordem dos elementos influirá nos resultados." (Lorenzato, 2018, p. 115).

A sequenciação é importante para a aprendizagem da matemática porque permite à criança a compreensão da relação entre sequência e ordem. É essencial para a comparação de elementos. A partir de seu desenvolvimento as habilidades de contagem e de quantificação são ampliadas.

Na intervenção atividades de organização de eventos em ordem cronológica, organizar histórias por ordem de eventos, organizar letras para formar palavras, ou mesmo a ordem alfabética, bem como a organização dos números (seja na ordem crescente ou decrescente), até mesmo a organização de palavras para formar frases podem ser realizadas para desenvolver a habilidade de sequenciação.

4.5.5. Seriação ou Ordenação

A seriação ou ordenação é o processo de organizar elementos em uma ordem específica, com base em um critério. É uma habilidade matemática essencial, pois é fundamental para a compreensão de conceitos matemáticos básicos como igualdade, desigualdade, inclusão, conjunto, subconjunto. Ao realizar atividades de seriação a criança desenvolve sua percepção das relações entre os objetos e as suas diferenças, assim como a lógica que os organiza (Werner, 2008).

Se na sequenciação não havia estabelecimento de critérios, agora na seriação ou ordenação os critérios são os preditores do processo, "a sucessão se dá obedecendo a uma ordem preestabelecida. Por isso a seriação é também chamada de ordenação" (Lorenzato, 2018, p. 116). Para a ordenação do campo racional, estabelece-se critérios de igualdade e desigualdade (Caraça, 1951). "A ideia de ordem aparece naturalmente na mente das pessoas, desde os primeiros anos de vida, e está fortemente presente no nosso cotidiano" (Lorenzato, 2018, p. 116).

A seriação é uma habilidade que se desenvolve gradualmente, a partir da percepção das relações entre os objetos e as suas diferenças. Conforme a criança vai interagindo com o mundo ao seu redor, ela vai desenvolvendo a capacidade de estabelecer relações de ordem entre os elementos. Ao realizar atividades de seriação as crianças desenvolvem o raciocínio lógico-matemático, pois estabelecem relações entre os conhecimentos sociais e físicos a partir de sua ação sobre os elementos do conjunto, há, portanto, ampliação da abstração reflexiva (Piaget; Szeminska, 1975).

A ordenação possibilita que a criança desenvolva a percepção acerca do sistema numérico (Werner, 2008, p. 32), pois:

> Todos os sistemas de numeração estão baseados em operações de seriação, na medida em que cada número tem significação e é determinado por sua posição relativa no sistema sequencial. Da mesma forma, conceitos matemáticos como 'maior do que' ou 'menor do que' implicam sequência ordenada e inferência lógica: se A é maior do que B e se B é maior do que C, então A é maior do que C, coisa que é reconhecida pela criança como válida e necessária desde que a operação de seriação esteja integralmente desenvolvida. (Werner, 2008, p. 32).

Para Kamii (1992), a ordenação é uma necessidade lógica de estabelecer uma organização entre os elementos, seja para realizar contagem ou apenas quantificar o conjunto. A ordenação dos números é construída pela criança quando essa associa a quantidade de objetos ou elementos de um conjunto a um número natural (Brasil, 2008b). Jordan, Glutting e Ramineni, (2008) utilizam o termo magnitude numérica ao se referirem a habilidade de compreender o valor posicional na sequência numérica.

Ocsana Danyluk (2002) traz que a seriação envolve a capacidade de mentalmente organizar um conjunto de elementos seguindo uma ordem crescente ou decrescente com base em um atributo específico. Essas relações seriais requerem o domínio da transitividade, ou seja, a capacidade de estabelecer relações de ordem entre os elementos. Portanto, a seriação exige a reversibilidade do pensamento, onde a operacionalização das relações é claramente demonstrada.

Para Rangel (1992), assim que a estrutura da ordenação ou classificação está consolidada a criança passa a ser capaz de realizar inclusões hierárquicas. Piaget (1964) utiliza o termo inclusão hierárquica ao descrever o processo de construção do conceito de número pela criança. Para Kamii e Housman (2002, p. 23), "para quantificar um conjunto de objetos numericamente, a criança deve colocá-los em uma relação de inclusão hierárquica". Essa inclusão pode ser entendida como a capacidade de compreender que um número está diretamente ligado ao próximo por uma relação de adição de um termo (Kamii, 1992). Então para que consiga construir a noção de número, a criança deverá estabelecer a síntese de ordem e inclusão hierárquica (Almeida; Picarelli, 2018).

Para Schimitt (2017), a seriação pouco desenvolvida pode fazer com que a criança apresente durante a vida acadêmica dificuldade em compreender ordem crescente e decrescente, dificuldades em formar conceitos e estabelecer relações lógicas.

Para o desenvolvimento da habilidade de seriar e ordenar pode-se propor atividades de organização de objetos com base em um ou mais atributos (tamanho, cor, forma, textura). Pode-se ainda propor que os materiais sejam organizados em fila, o que permitirá e estimulará a criar um critério para a seriação. Para que os critérios utilizados pelas crianças sejam compreendidos e analisados a argumentação torna-se primordial, perguntas como: como podemos organizar esses brinquedos por tamanho? Qual é o número que vem antes de 5? Como podemos colocar essas pessoas em uma fila, de acordo com a idade? Como podemos colocar esses livros em uma prateleira, de acordo com o tamanho? Essas perguntas podem indicar os critérios utilizados.

4.5.6. Inclusão

A concepção de inclusão é muito simples (Lorenzato, 2018), pois nela abrange-se um conjunto por outro (Werner, 2008). A inclusão é uma habilidade que se desenvolve gradualmente, a partir da percepção das relações entre os conjuntos. Conforme a criança vai interagindo com o mundo ao seu redor, ela vai desenvolvendo a capacidade de estabelecer relações de inclusão entre os conjuntos.

A partir do momento em que a estrutura de classificação é consolidada, a criança passa a ter a capacidade de realizar inclusões hierárquicas, concebendo classes encaixadas sucessivamente umas nas outras (Rangel, 1992). "A inclusão é a capacidade de observar as quantidades uma dentro das outras, muito útil no processo de aprendizagem do sistema de numeração decimal (1 centena = 10 dezenas = 100 unidades)" (Schimitt, 2017, p. 40).

"A percepção da inclusão oferece dois tipos de dificuldade. A primeira é de ordem intrínseca, por exigir uma dupla e simultânea percepção" (Lorenzato, 2018, p. 123), já a segunda é de ordem extrínseca, e normalmente constituída de dois fatores (Lorenzato, 2018). Para que consiga quantificar objetos a criança precisa colocá-los numa relação de inclusão, compreendendo que dentro de uma determinada quantidade estão os números que a antecedem (Werner, 2008).

A partir do estabelecimento de ordem e inclusão hierárquica a criança conseguirá posteriormente realizar a reversibilidade, que pode ser descrita como a capacidade de estabelecer relações mentais abstratas, fazendo e desfazendo as ações (Almeida; Picarelli, 2018). Já para Kamii e Housman (2002), a reversibilidade é a habilidade de operar mentalmente ações opostas de forma simultânea, como que cortando o todo em partes e reunindo novamente as partes num todo.

Lorenzato (2018) traz que o desenvolvimento dessa habilidade será básico para a compreensão de conhecimentos de aritmética e geometria. Já Bryant (2016) indica que essa habilidade é fundamental por se tratar da base para a compreensão das relações entre conjuntos. Ao proporcionar às crianças oportunidades de desenvolver suas habilidades de inclusão, estamos ajudando-as a construir uma base sólida para o aprendizado da matemática.

Como sugestão para a estimulação dessa habilidade pode-se fornecer uma variedade de objetos e solicitar que classifiquem com base em um atributo (tamanho, cor, forma). Por exemplo, as crianças podem classificar frutas por tamanho, como pequenas, médias ou grandes.

Pode-se ainda propor problemas orais como: "Qual é o conjunto que contém todos os números de 1 a 5?" ou "Quais são os números que estão contidos no conjunto de números pares?". Pode-se também propor jogos de memória com um conjunto de cartões com imagens de diferentes objetos ou pessoas. As crianças devem encontrar pares de cartões que representem um conjunto. Por exemplo, as crianças podem encontrar pares de cartões que representem animais de estimação, frutas ou pessoas de diferentes etnias.

4.5.7 Conservação

No caminho da construção da reversibilidade a criança ainda passará pela conservação. A conservação é a capacidade de perceber que a quantidade de um objeto ou substância não é alterada pela sua disposição ou posição (Schimitt, 2017). Em Lorenzato (2018, p. 27) temos que a "conservação é o ato de perceber que a quantidade não depende da arrumação, forma ou posição". Já Wadsworth (1997, p. 80) traz que a "conservação refere-se ao conceito de que a quantidade de uma matéria permanece a mesma independente de quaisquer mudanças em uma dimensão irrelevante".

Então, a conservação é a capacidade de perceber que a quantidade de um objeto ou substância não é alterada pela sua disposição ou posição. A reversibilidade é a capacidade de realizar mentalmente ações opostas de forma simultânea. Essas duas habilidades são essenciais para o desenvolvimento do senso numérico. A conservação é fundamental para que a criança compreenda que o número de objetos não muda se eles forem reorganizados. A reversibilidade, por sua vez, é necessária para que a criança possa realizar operações matemáticas, como adição e subtração (Gelman; Gallistel, 2004).

Esse conceito se aplica também ao volume de um líquido, que permanece inalterado mesmo quando transferido para outro recipiente, e ao comprimento de um barbante, que se mantém constante, independentemente de sua forma (Schimitt, 2017). Para Nunes e Bryant (1997), um exemplo para a compreensão da conservação é o entendimento de que a quantidade de objetos de um conjunto só pode ser alterada por meio da adição ou subtração, as demais alterações são irrelevantes.

A criança atinge a conservação quando concebe que a quantidade total permanece a mesma independente da disposição dos elementos, e que se modifica apenas quando se faz alguma operação, por exemplo: adição ou subtração de elementos (Werner, 2008). Ao estudar a conservação de número, identificou-se que o conceito de número é uma construção mental individual e que sua formação ocorre por meio da criação e coordenação de relações que a própria pessoa pode fazer, não sendo adquirido somente por meio da linguagem (Schimitt, 2017).

"Igualmente, um número só é inteligível na medida em que permanece idêntico a si mesmo, seja qual for a disposição das unidades das quais é composto: é isso o que se chama de 'invariância' do número." (Piaget; Szeminska, 1975, p. 24). A invariância do número pode ser compreendida como a capacidade de conservação numérica, por meio de esquemas correspondentes, anteriormente formados (Wadsworth, 1997). Para Wadsworth (1997), a ausência da noção de invariância do número implica na não conservação do número e no não desenvolvimento dos esquemas necessários para a reversibilidade.

É comum observarmos crianças repetindo números que ouviram e decoraram em seu convívio social, sem compreenderem seu verdadeiro significado, resultando em uma não internalização desses números. Ou seja, eles não são construídos corretamente como representações de quantidade, mas apenas como símbolos linguísticos.

Portanto, a conservação de quantidades é um aspecto crucial que deve ser trabalhado repetidamente com crianças, pois se uma criança não desenvolver essa capacidade de reconhecer que quantidades iguais permanecem iguais em diferentes situações (como os cinco dedos da mão e as cinco pétalas de uma rosa), ela também terá dificuldades em compreender as operações matemáticas e suas propriedades (Schimitt, 2017). "A invariância numérica (conservação) só é atingida quando o sujeito é capaz de conceber que um número permanece idêntico a si mesmo, seja qual for a disposição das unidades que o compõem." (Rangel, 1992, p. 124).

Como sugestão de atividades pode-se propor a classificação de objetos por atributos, como a classificação por cor, tamanho, contagem, alteração da organização e em seguida realização de uma nova contagem, buscando identificar a quantidade total. Utilização de massa de modelar, em que estas são pesadas, no início da atividade, em seguida manipuladas, e ao final da atividade voltam a ser pesadas. As atividades práticas explorando unidades de medidas em receitas ou experiências pode ser muito significativa para desenvolver a conservação. Jogos que envolvam contagem e manipulação de objetos podem ser muito produtivos na exploração de conceitos de reversibilidade.

A relação hierárquica das habilidades matemáticas básicas é apontada por Piaget (2013) quando estabelece que, enquanto a criança não compreender o processo de agrupamentos, não apresentará condições para a conservação, seja de conjuntos ou das totalidades. Da mesma forma, o número só será construído a partir das relações de classes quando agrupa elementos por semelhanças, das relações assimétricas que realiza e estabelece as diferenças na ordenação e na síntese conseguindo agrupar objetos classificando-os como equivalentes ou distintos (Montoya *et al.*, 2011).

A reversibilidade possibilita à criança fazer experiências mentais, ser capaz de fazer e desfazer mentalmente (Furth, 1976).

> O equilíbrio progressivo entre a assimilação das coisas à atividade do sujeito e a acomodação deste àquelas redunda, com efeito, na reversibilidade que caracteriza essas ações interiorizadas, que são as operações da razão (Piaget, 1964, p. 15).

O desenvolvimento adequado da conservação de quantidades é fundamental para a formação sólida de conceitos numéricos e para o avanço nas habilidades matemáticas (Schimitt, 2017).

Há na obra de Lorenzato (2018) forte indicação da importância do senso numérico, o autor não o define especificamente. Não há um consenso dos pesquisadores sobre o significado e o alcance do senso numérico para a aprendizagem matemática (Assis *et al.*, 2020). Barbosa (2007) aponta em sua pesquisa que o senso numérico se tornou popular entre os pesquisadores nos anos 90. Já Corso e Dorneles (2010) indicam que o conceito de senso numérico foi apresentado pela primeira vez já nos anos 50.

Para Jordan, Glutting e Ramineni (2008), o senso numérico está intimamente ligado às habilidades que as crianças precisarão adquirir durante o ensino formal da Matemática no ensino fundamental. Para eles, o senso numérico é guiado por componentes como a contagem; o conhecimento numérico e as operações numéricas. Para Kamii e Livingston (1995), grande parte do desenvolvimento do senso numérico em crianças depende do conhecimento e construção de valor posicional.

> Possuir senso numérico permite que o indivíduo possa alcançar: desde a compreensão do significado dos números até o desenvolvimento de estratégias para a resolução de problemas complexos de matemática; desde as comparações simples de magnitudes até a invenção de procedimentos para a realização de operações numéricas; desde o reconhecimento de erros numéricos grosseiros até o uso de métodos quantitativos para comunicar, processar e interpretar informação. (Corso; Dorneles, 2010, p. 299).

Pode-se então conceber que o senso numérico é uma estrutura conceitual que se baseia em muitos esquemas entre as relações, princípios e procedimentos matemáticos (Gersten; Jordan; Flojo, 2005). Seu desenvolvimento inicia a partir da representação precisa de pequenos números, com representações aproximadas de grandes quantidades (Jordan; Glutting; Ramineni, 2010). É, portanto, uma forma de interagir com os números, nos seus variados usos e definições, possibilitando que a criança consiga em situações de quantificações desenvolver estratégias de resolução, como cálculo mental e estimativa, além de problemas numéricos (Corso, Dorneles, 2010).

Jordan, Glutting e Ramineni (2008) apontam que conseguiram identificar que o processo de previsibilidade do senso numérico segue em construção durante os anos escolares, indicando que esse é construído com base em experiências escolares. Cabe, portanto, ao professor, identificar as habilidades matemáticas básicas que a criança já desenvolveu e aquelas que carecem de maior estimulação para que o estudante possa desenvolver seu senso numérico.

5

COMO E POR QUE AVALIAR AS HABILIDADES MATEMÁTICAS BÁSICAS?

Este capítulo inicia com uma análise breve acerca da importância da avaliação de habilidades matemáticas básicas na seara da Educação Especial. No decorrer dele apresento uma proposta, um instrumento para a avaliação das habilidades matemáticas básicas. Apresento ainda um modelo de relatório descritivo elaborado após a aplicação do instrumento de avaliação com um estudante hipotético.

A vida moderna requer conhecimentos matemáticos em seus distintos contextos. As avaliações externas comprovam que muitos estudantes apresentam dificuldades de consolidar essas aprendizagens. Com base nos dados do Inep (2017), percebe-se que 54,46% dos alunos pesquisados do 3º Ano apresentaram aprendizagem insuficiente em Matemática no ano de 2016. Os dados do Inep[22] de 2021 indicam os resultados do Sistema de Avaliação da Educação Básica[23] (Saeb) para as turmas de 2º, 5º e 9º anos do ensino fundamental. O documento indica que em 2019 a proficiência em Matemática dos estudantes de 2º ano do ensino fundamental era de 750; já em 2021, os resultados indicaram que houve uma queda na proficiência. Observe a figura a seguir do gráfico.

---

[22] Disponível em: https://www.gov.br/inep/pt-br/areas-de-atuacao/avaliacao-e-exames-educacionais/saeb/resultados. Acesso em: 9 nov. 2023.

[23] O Saeb é uma avaliação em larga escala, realizado periodicamente pelo Inep. Os resultados oferecem subsídios para a elaboração, o monitoramento e o aprimoramento de políticas públicas com base em evidências, permitindo que os diversos níveis governamentais avaliem a qualidade da educação praticada no País.

Figura 3 – Evolução das Proficiências Médias no Saeb em Matemática no 2º Ano do Ensino Fundamental no período de 2019 e 2021

Evolução das Proficiências Médias no Saeb em Matemática no 2º ano do Ensino Fundamental - Brasil - 2019 e 2021

	SAEB 2019	SAEB 2021
MEDIA MATEMÁTICA	750	741,6

Fonte: elaborado pela autora com base em Inep (2023)

Como as turmas de 5º ano do ensino fundamental já realizam a prova do Saeb desde o ano de 2011, os dados da evolução dos estudantes dessas turmas tornam-se mais significativos. Observe a imagem do gráfico a seguir.

Figura 4 – Evolução das Proficiências Médias no Saeb em Matemática no 5º Ano do Ensino Fundamental no período de 2019 e 2021

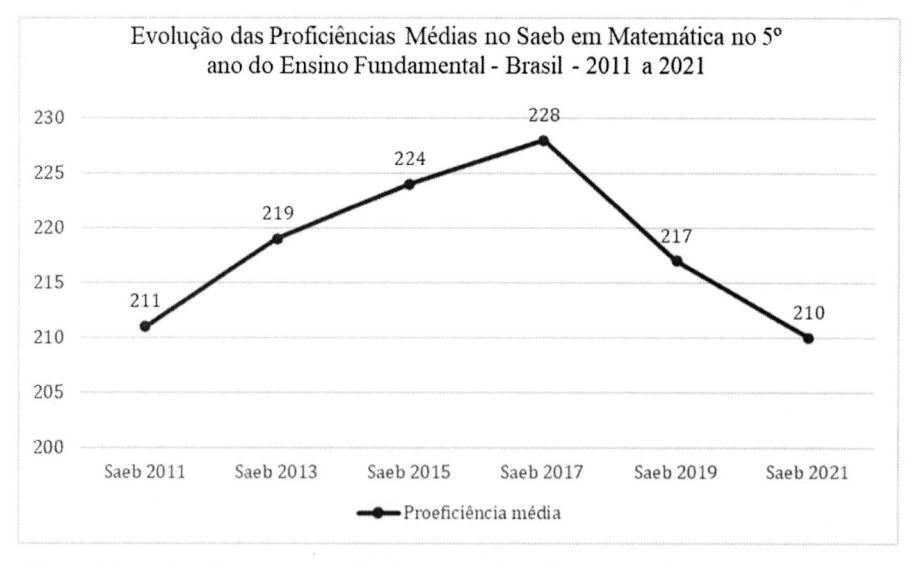

Evolução das Proficiências Médias no Saeb em Matemática no 5º ano do Ensino Fundamental - Brasil - 2011 a 2021

Saeb 2011	Saeb 2013	Saeb 2015	Saeb 2017	Saeb 2019	Saeb 2021
211	219	224	228	217	210

Proficiência média

Fonte: elaborado pela autora com base em Inep (2023)

Esses dados são preocupantes, haja vista a importância da Matemática para a vida cotidiana. Os estudantes utilizam as habilidades Matemáticas em suas vidas cotidianas, mas ao se defrontarem com exercícios matemáticos não percebem essa relação (Ferrandini; Silveira, 2018) e acabam por apresentar resultados insatisfatórios.

Como no decorrer de 2020 as escolas estavam atendendo de forma híbrida em função da Pandemia da Covid-19, as avaliações não foram realizadas. Tanto nos dados do 2º ano como nos dados do 5º ano pode-se perceber uma baixa significativa após a pandemia.

"Tais dados evidenciam a Matemática como uma disciplina de difícil aprendizado, devido à grande abstração de seus conceitos." (Costa; Picharillo; Elias, 2016, p. 146). Esse é um dos aspectos que certamente pode ser um indicativo para a dificuldade de avaliação em Matemática no contexto da Educação Especial. A abstração pode vir a ser um agravante e dificultador.

Além disso, Lima e Manrique (2017) apontam que faltam estudos que demonstrem como se dá o desenvolvimento em Matemática dos estudantes público-alvo da Educação Especial. Muitos estudantes já possuem uma visão estigmatizada de suas dificuldades, seja pela dificuldade no ensino regular, seja pelos resultados das avaliações externas, e ao realizar as avaliações apresentam dificuldades emocionais.

Nogues (2021) afirma que uma avaliação adequada às necessidades de aprendizagem dos estudantes é fortemente corroborada por meio da identificação das habilidades cognitivas envolvidas na aprendizagem matemática. Glat, Vianna e Redig (2012) compactuam dessa concepção, afirmando que a avaliação deve compreender o nível de desenvolvimento e aprendizagem do estudante, deve considerar o que ele já sabe, e a partir disso identificar as suas necessidades educacionais específicas.

As habilidades aritméticas, assim como muitos outros conhecimentos matemáticos, são apontadas como conhecimentos sociais. "As pessoas administram seu tempo, seu saldo bancário, datas de aniversário, números ligados às atividades diárias, localizam endereços, etc." (Rezende, 2013, p. 18). "Cabe ressaltar que, apesar de tantas falácias sobre os conceitos matemáticos e a sua aprendizagem, a aritmética é uma habilidade básica do cérebro humano, pois os números fazem parte de nosso cotidiano." (Leal; Nogueira, 2012, p. 82).

"A principal característica do conhecimento social é que sua natureza é preponderantemente arbitrária." (Kamii; Livingston, 1995, p. 21). É um conhecimento que necessita ser transferido de pessoa para pessoa, visto que se constitui nas convenções sociais (Kamii, 1992). Apesar de ser um conhecimento social, para que o estudante construa a aprendizagem da Matemática as condições individuais, ambientais e escolares devem agir de forma integrada (Corso; Assis, 2018).

Ao realizar a avaliação pedagógica ou diagnóstica do estudante, o professor da SRM poderá identificar quais são as dificuldades específicas, quais as habilidades que necessitam de maior estimulação, ou mesmo intervenção. Nesse sentido, a avaliação desempenha um papel crucial para o professor da Sala de Recursos Multifuncionais (SRM), pois é por meio dela que ele definirá os comportamentos-alvo a serem ensinados, treinados e trabalhados por cada aluno (Costa; Picharillo; Elias, 2016).

A partir dessa avaliação para identificação da situação do estudante naquele momento, o professor poderá selecionar os procedimentos de ensino mais qualificados e necessários para atender às necessidades individuais. A identificação precoce das dificuldades é de extrema importância para que as atividades de intervenção possam ser iniciadas o quanto antes, buscando assim reduzir as dificuldades enfrentadas por esse estudante (Ferrandini; Silveira, 2018).

Não há um medicamento ou exame que possa indicar ou tratar os distúrbios da Matemática ou a dificuldade de aprendizagem. É por não haver tratamentos específicos para os distúrbios da Matemática que a avaliação inicial se torna tão importante e deve constituir-se como primeira etapa (Batista; Gonçalves; Andrade, 2015).

Ao elaborar o PDI do estudante o professor da SRM poderá indicar objetivos específicos para estimular as habilidades Matemáticas que estão com o desenvolvimento abaixo do esperado. Nesse processo de identificação o professor da SRM deve buscar identificar as competências de base, ou as habilidades básicas iniciais, pois "as habilidades básicas de Matemática são preponderantes para a aquisição de aprendizagens Matemáticas posteriores" (Júlio-Costa et al., 2018). Nesse sentido, as competências numéricas assim como as competências de base são necessárias (Corso, 2018) para a construção dos conhecimentos específicos da Matemática.

Com a avaliação pedagógica o professor da SRM pode estabelecer os comportamentos-alvo a serem ensinados e trabalhados. Assim como selecionar os procedimentos de ensino disponíveis e necessários para cada um dos estudantes público-alvo da Educação Especial (Costa; Picharillo; Elias, 2016).

Para Voltolini e Almeida (2014), ao realizar a avaliação diagnóstica, analisa-se a situação do estudante com dificuldade tanto no contexto da escola, como na sala de aula e na própria família, é realizada, portanto, uma exploração problemática do estudante frente à produção acadêmica. Assis *et al.* (2020) apontam que por meio da avaliação diagnóstica é possível detectar quem são os estudantes em risco além de identificar as dificuldades que apresentam.

A identificação precoce das dificuldades é fundamental para iniciar o quanto antes as atividades de intervenção. Buscando, assim, reduzir as dificuldades desse estudante (Ferrandini; Silveira, 2018). Visto que, "[...] para que o ensino da Matemática se torne efetivo, deve-se priorizar a avaliação do repertório de entrada para identificar as habilidades presentes" (Costa; Picharillo; Elias, 2016, p. 153). Com relação à emergência da intervenção:

> Uma intervenção adequada poderá ter sucesso a qualquer momento, mas é importante que ela ocorra nos estágios iniciais das dificuldades, pois problemas na Matemática podem afetar o desempenho em outros aspectos do currículo, como também prevenir o desenvolvimento de atitudes negativas e ansiedade em relação a esta área. (Corso; Dorneles, 2010, p. 301).

Para Geary (2007), uma avaliação mais completa das habilidades Matemáticas permite a identificação de áreas em que o estudante apresente dificuldade. Costa, Picharillo e Elias (2016) indicam a importância da avaliação do repertório de entrada para a identificação das habilidades a serem desenvolvidas na intervenção.

A avaliação das habilidades matemáticas básicas em estudantes público--alvo da Educação Especial é uma tarefa complexa e desafiadora para os profissionais da área. A avaliação tem como objetivo identificar possíveis barreiras que estejam interferindo ou prejudicando o processo educativo. É fundamental que esse nível de avaliação leve em conta todas as variáveis envolvidas, incluindo aquelas relacionadas à aprendizagem, questões individuais e aspectos do ensino, como as condições da escola e a prática docente (Brasil, 2001).

Acredito e defendo que para garantir uma avaliação significativa, é fundamental estabelecer claramente as habilidades matemáticas básicas que serão avaliadas. Neste livro, as habilidades matemáticas básicas estão definidas como: correspondência (associar valor a um símbolo numérico); comparação (estabelecer relações de quantidade entre objetos ou números); classificar (agrupar objetos ou números com base em características comuns);

sequenciação (dispor elementos em ordem lógica); seriação ou ordenação (organizar elementos em sequência crescente ou decrescente com base em um atributo); inclusão (compreender que um conjunto está contido em outro); e conservação (perceber que a quantidade de um objeto não muda mesmo após alterações em sua aparência). Por entender que essas são a base do senso numérico e, portanto, fundamentais para a aquisição das habilidades matemáticas específicas ou posteriores defendo a avaliação destas.

Ferrandini e Silveira (2018) afirmam que a identificação dos principais preditores de conhecimentos matemáticos permite uma intervenção mais específica, e com o acompanhamento do progresso do estudante acreditam ser possível minimizar atrasos significativos. É, portanto, ao utilizar uma proposta de avaliação significativa que o professor da SRM elaborará um plano de intervenção específico para o estudante, tendo por base o que esse apresentou na avaliação.

5.1 DIFICULDADES NA AVALIAÇÃO DE HABILIDADES MATEMÁTICAS BÁSICAS

Como já apontado anteriormente, a avaliação de habilidades matemáticas básicas apresenta-se como um desafio para o professor da Educação Especial, seja pela falta de instrumentos ou mesmo pela dificuldade de consenso acerca das habilidades matemáticas. Durante a pesquisa de mestrado identifiquei que os professores da SRM utilizavam distintos instrumentos para realizar as suas avaliações.

Em alguns casos pautavam-se apenas na observação do material escolar e das atividades do ensino regular do estudante em avaliação, realizando então uma avaliação baseada unicamente no empirismo. Em outros, um mesmo profissional utilizava instrumentos distintos para avaliar as habilidades matemáticas, a depender do estudante e de seu objetivo para com a avaliação, não havendo assim um processo organizado e estruturado na avaliação. Veltrone e Mendes (2011) afirmam que para que se possa fazer a identificação de alguma habilidade ou conhecimento no processo avaliativo, faz-se necessário o estabelecimento de critérios comuns para a avaliação.

Em sua pesquisa Pasian, Mendes e Cia (2017) constataram que frequentemente a avaliação realizada pelos professores da SRM ocorria com uma grande diversidade de formas, fosse pela escolha de instrumentos, ou pela definição dos conteúdos avaliados. Para as autoras, a subjetividade no processo avaliativo dificulta o estabelecimento de critérios e objetivos.

Também houve aqueles professores de SRM que afirmaram criar seus próprios instrumentos avaliativos e protocolos de avaliação, Tristão (2006) indica que os instrumentos elaborados pelo professor da SRM devem ser desenvolvidos em formatos atrativos, com aplicação simples e análise prática dos resultados. A elaboração de instrumentos mostra-se necessária, visto que não há instrumentos de uso liberado acessíveis aos profissionais da Educação Especial.

Na elaboração de seus instrumentos avaliativos houve a indicação da utilização de provas acadêmicas e folhas de atividades nas avaliações de matemática. Essa é uma prática muito comum, havendo inclusive protocolos validados[24] que seguem a estrutura de provas acadêmicas de aritmética, provavelmente os professores de SRM utilizaram esses como referência para elaborar seus próprios instrumentos. No que diz respeito aos instrumentos utilizados na avaliação da aprendizagem matemática, Nogues (2021) indica que a avaliação por meio de testes considera o desempenho geral, que comumente é avaliado por meio de cálculos aritméticos, resolução de problemas, geometria, medidas e interpretação de dados.

Uma avaliação voltada aos aspectos mais lúdicos também foi indicada por alguns professores da SRM, que indicaram a utilização de jogos e brincadeiras para observar os aspectos matemáticos durante a realização da atividade. Tristão (2006), no entanto, indica que a avaliação faça uso de instrumentos mais específicos de investigação, com técnicas estruturadas e aplicação de protocolos, para que se possa garantir uma avaliação precisa de quais habilidades precisam ser promovidas (Tristão, 2006).

Durante a pesquisa houve profissionais que indicaram a utilização de testes e protocolos. Ao serem questionados acerca dos nomes dos protocolos afirmaram tratar-se de fichas de avaliação recebidas no período de formação no curso de Atendimento Educacional Especializado, não havendo indicação de fonte ou bibliografia dessas ou em outros cursos de formação continuada. Com o advento da internet e das redes sociais a troca de materiais tornou-se uma prática comum. Há, nesse sentido, os aspectos positivos, de ampliar o acesso e compartilhar com um grupo específico de pessoas as práticas exitosas. Há, no entanto, o lado negativo, onde frequentemente são compartilhados materiais que possuem direitos autorais, ou que são de uso restrito de alguma categoria profissional.

---

[24] [24]Os protocolos validados são testes e/ou instrumentos avaliativos que tiveram uma pesquisa aplicada. Ou seja, além da elaboração ou da tradução o autor aplicou o instrumento a um conjunto de pessoas e validou os resultados por meio de análise estatística e publicação de artigos científicos validados por pares.

Com relação à aquisição de testes e protocolos de uso não restrito a psicólogos e de acesso livre, os professores de SRM afirmaram que as redes de atuação desses (rede municipal de ensino e rede estadual de ensino) não adquiriam testes e protocolos padronizados para a utilização nas avaliações das salas de recursos. A não aquisição ou não elaboração de protocolos estruturados acaba fazendo com que os profissionais tenham uma função a desempenhar, no caso, avaliar o estudante, mas, por não estarem equipados com o material adequado, sua prática acaba por ser prejudicada. O que em última instância prejudica os estudantes, visto que a avaliação tem como um dos seus principais objetivos a elaboração do PDI, que norteará os atendimentos educacionais especializados.

A pesquisa realizada durante o mestrado também indicou uma quantidade variada e diversa de habilidades matemáticas avaliadas. Conforme Rezende (2013), a falta de um consenso acerca da definição dos conhecimentos matemáticos faz com que as avaliações identifiquem distintas habilidades, inclusive com nomenclaturas diferentes. Os participantes da pesquisa também tiveram dificuldade em nomear as habilidades matemáticas básicas, houve indicação de cálculos, contagem, as quatro operações básicas, reconhecimento de formas geométricas, entre outros.

Temos, então, um conjunto interessante de informações a ponderar, os documentos oficiais indicam que o professor da SRM deve avaliar os estudantes público-alvo da Educação Especial. Mas os documentos oficiais não indicam protocolos ou testes a serem utilizados. As redes de ensino, ao menos as analisadas, não adquirem protocolos e testes para a realização dessa avaliação de forma padronizada. Nesse sentido, Tristão (2006), na cartilha "Dificuldades acentuadas de aprendizagem ou limitações no processo de desenvolvimento" indica que a avaliação dos estudantes na SRM é um procedimento complexo, pois envolve a escolha de instrumentos de avaliação adequados e a elaboração de técnicas de medida que levem em consideração as necessidades específicas de cada estudante.

Com relação ao termo "instrumento de avaliação", o documento se refere a uma ferramenta ou método utilizado para avaliar o desempenho dos estudantes. Pode incluir testes padronizados, questionários, entrevistas, observações e outras técnicas de avaliação (Tristão, 2006). Indica ainda que as "técnicas de medida" se referem às estratégias utilizadas para medir o desempenho dos estudantes. Isso pode incluir a definição de critérios de avaliação, a elaboração de escalas de pontuação e outras técnicas que permitem medir o progresso dos estudantes ao longo do tempo.

As redes de ensino analisadas possuem um conjunto de demandas que indicam a necessidade de avaliação dos estudantes, mas não há aquisição de testes e protocolos para que os profissionais possam realizar uma avaliação pedagógica diagnóstica baseada em evidências científicas, ou que tenha alguma técnica de medida.

Tendo por base o que a Política Nacional de Educação Especial: Equitativa, Inclusiva e com Aprendizado ao Longo da Vida (Brasil, 2020b) aponta com relação às práticas baseadas em evidências, a utilização de testes e protocolos mostra-se como um forte indício:

> A falta de orientações sobre como implementar a educação baseada em evidências em escolas de todos os tipos e para com a diversidade dos educandos traz fragilidade na formação docente para a área da educação especial no Brasil. Com certeza, a prática dos educadores seria aperfeiçoada se tivessem mais conhecimento a respeito de resultados de pesquisas científicas em suas áreas de atuação. É extremamente importante que pesquisas científicas iluminem a prática pedagógica e direcionem as políticas públicas na área da educação em geral, e especialmente na área da educação especial. (Brasil, 2020a, p. 37).

Com relação à escolha de instrumentos para a avaliação no atendimento educacional especializado realizado na SRM, a Política Nacional de Educação Especial Equitativa, inclusiva e com aprendizado ao longo da vida (Brasil, 2020b), não aponta nenhum critério de escolha a ser observado, assim como não define ou estipula nenhum instrumento avaliativo. Tristão (2006) indica uma imprecisão conceitual sobre a avaliação quando se buscam definir critérios de verificação.

A cartilha "Dificuldades acentuadas de aprendizagem ou limitações no processo de desenvolvimento" (Tristão, 2006) traz os seguintes critérios a serem observados no momento da seleção dos instrumentos de avaliação:

> 1. O primeiro critério é o de **atenção ao propósito do instrumento**. Alguns instrumentos são descritivos e muito simples, formando uma idéia apenas geral do desenvolvimento da criança, não fornecendo informações detalhadas que poderão subsidiar um planejamento curricular amplo e profundo.
> 2. O segundo critério é **a necessidade de definir claramente os objetivos da avaliação**, especificando quais aspectos do desenvolvimento o instrumento é capaz de medir.

3. Terceiro, **a seleção de indicadores comportamentais deve ser apropriada** para os objetivos do instrumento e para a população na qual o instrumento será usado [...].
4. O quarto critério requer que o instrumento seja **culturalmente apropriado**, evitando que a avaliação subestime ou superestime o potencial de desempenho da criança [...].
5. Quinto, os **instrumentos devem ser validados** de modo a garantir que o desempenho da criança possa ser comparado com o desempenho médio das crianças da mesma idade, oferecendo um referencial do nível de desenvolvimento em que a criança se encontra nas diferentes áreas de habilidades.
6. Sexto, deve-se garantir que haja **confiabilidade na aplicação e correção** dos testes verificando, se há consistência entre os registros dos avaliadores por meio de retestagens.
7. O critério final, na seleção de instrumentos para avaliação de desenvolvimento, está relacionado a quanto será viável de **ser incorporado em programas educacionais**, considerando a sua facilidade de compreensão e acesso aos instrumentos. (Tristão, 2006, p. 24-25, grifo nosso).

Segundo Tristão (2006), os instrumentos de avaliação padronizados são normatizados e permitem a comparação dos resultados obtidos pelo estudante avaliado com os resultados obtidos pela população da mesma idade. Segundo a autora, testes padronizados podem sinalizar a ocorrência de possíveis atrasos ou acelerações em distintas áreas de desenvolvimento (Tristão, 2006).

Há na Educação Especial uma dicotomia médico-pedagógica, principalmente quanto à avaliação com uso de instrumentos, o conceito de utilização de testes específicos acaba atrelado ao trabalho de profissionais da área clínica terapêutica, como os psicopedagogos. Mantoan (2003) aponta que a Educação Especial apresenta um carácter dúbio causado pela imprecisão dos textos legais, havendo uma dificuldade em distinguir o modelo médico-pedagógico do modelo educacional-escolar dessa modalidade de ensino.

Essa percepção de que a psicometria dos testes seja algo clínico-terapêutico é identificada em documentos oficiais como na Política Nacional de Educação Especial na Perspectiva da Educação Inclusiva (Brasil, 2008a). Para Ropoli *et al.* (2010), o papel do professor da sala de recursos multifuncionais não deve ser confundido com o papel dos profissionais do atendimento clínico, embora em alguns momentos suas atribuições possam ter interlocuções. Linhares (2016) aponta que a pedagogia terapêutica, baseada num modelo médico, ainda está presente em muitas atuações, pois o atendimento aos deficientes iniciou-se pelo viés médico e foi posteriormente abarcado pela educação.

Essa relação de avaliação psicopedagógica pode também referir-se ao uso de instrumentos padronizados específicos da área profissional da psicopedagogia. Cruz (2015) indica que o uso de testes e baterias para avaliação precisam ser validados pelo Conselho Federal de Psicologia. Para Glat e Kadlec (1989), a avaliação formal é aquela que utiliza testes padronizados, e para as autoras esses informam déficit de áreas específicas por meio do escore dos resultados.

Para Leal e Nogueira (2012), alguns profissionais, ao utilizarem de instrumentos avaliativos, fazem uso dos resultados para rotular o sujeito, buscando encaixá-lo em um perfil esperado. Para as autoras há ainda os profissionais que utilizam instrumentos avaliativos como um recurso para uma compreensão mais completa do funcionamento cognitivo do estudante. Como já indicado em distintos momentos no decorrer deste livro, acredito e apoio a utilização de testes e protocolos de avaliação, principalmente aqueles baseados em evidências e que se mostrem ferramentas importantes para que o trabalho do professor da SRM encontre êxito. Ou seja, que o estudante público-alvo da Educação Especial tenha atendimentos significativos e que lhe auxiliem a superar as barreiras que impedem sua completa inclusão.

O que nos leva ao questionamento inicial deste capítulo, **como avaliar as habilidades matemáticas básicas dos estudantes público-alvo da Educação Especial?**

5.2 PROTOCOLO DE AVALIAÇÃO DE HABILIDADES MATEMÁTICAS BÁSICAS

Na busca por responder o questionamento que dá título ao capítulo apresento o Protocolo de Avaliação de Habilidades Matemáticas Básicas (PAHMB) (Richter, 2022) como uma proposta para a avaliação de habilidades matemáticas básicas. O Protocolo de Avaliação de Habilidades Matemáticas Básicas foi elaborado como produto educacional, em minha pesquisa de mestrado. Seu acesso é livre e pode ser utilizado por diversos profissionais da Educação Especial, visto que não é um recurso de uso restrito de uma ou outra categoria de profissionais[25].

---

[25] Disponível em: https://argo.furg.br/?BDTD13217. Acesso em: 15 jan. 2023.

Para acessar a dissertação e o Protocolo basta ler o código a seguir.

Figura 5 – Imagem do *QRCode* de acesso à dissertação completa

Fonte: elaborada pela autora

    O PAHMB foi desenvolvido como um recurso para que os professores de Educação Especial, de escolas de Educação Básica, possam realizar a avaliação pedagógica dos estudantes público-alvo da Educação Especial. O protocolo pode ainda ser utilizado para a avaliação pedagógica de estudantes encaminhados, pelos professores do ensino regular, ao atendimento educacional especializado em virtude de apresentarem dificuldades de aprendizagem.

    Essa avaliação objetiva identificar o nível de desenvolvimento das habilidades matemáticas básicas do estudante, por meio da utilização do Protocolo de Avaliação de Habilidades Matemáticas Básicas (PAHMB). O Protocolo possibilita o rastreio das habilidades de correspondência, comparação, classificação, sequenciação, seriação, inclusão e conservação.

    Com relação à habilidade de CORRESPONDÊNCIA, verifica-se se o estudante é capaz de estabelecer correspondência nas distintas situações apresentadas. Essa habilidade, no Protocolo de Avaliação de Habilidades Matemáticas Básicas, está dividida em:

a. Correspondência visual direta;

b. Percepção visual indireta;

c. Percepção da correspondência de um elemento de um conjunto com vários elementos de outro conjunto;

d. Associação de uma ideia presente em dois objetos diferentes.

    A habilidade de COMPARAÇÃO é verificada analisando se o estudante é capaz de comparar dois ou mais elementos em distintas formatações e apresentações. Para a habilidade de CLASSIFICAÇÃO verifica-se se o estudante é capaz de classificar com base em semelhanças e diferenças. Para a habilidade de SEQUENCIAÇÃO é analisada a capacidade de criar sequências sem uma regra preestabelecida.

A habilidade de SERIAÇÃO ou ORDENAÇÃO verifica se o estudante é capaz de criar sequências com base em características específicas. Já a INCLUSÃO verifica se o estudante é capaz de estabelecer inclusões e exclusões de classes. A habilidade de CONSERVAÇÃO objetiva verificar se o estudante é capaz de conservar, com base na compreensão de que certas propriedades dos objetos permanecem constantes, apesar da apresentação ser alterada.

O Protocolo de Avaliação de Habilidades Matemáticas Básicas busca indicar os aspectos da Matemática em que o estudante carece de maior estimulação nas intervenções do atendimento educacional especializado. Após a aplicação do protocolo o professor da SRM, ao realizar a correção, poderá identificar os subtestes que o estudante apresentou pontuação baixa. De posse dessas informações poderá elaborar propostas de intervenção que sejam significativas para as dificuldades identificadas.

Para aplicação do Protocolo de Avaliação de Habilidades Matemáticas Básicas o professor da SRM precisará imprimir as cartas de aplicação (Anexo C) e a ficha do aplicador (Anexo A). As cartas de aplicação podem ser impressas uma única vez, sugere-se a plastificação delas para ampliar a durabilidade. Como o PAHMB apresenta questionamentos acerca de cores, a impressão colorida das cartas de aplicação é imprescindível. A ficha do aplicador não carece obrigatoriamente de impressão colorida, e deverá ser impressa para cada estudante que for avaliado. O PAHMB constitui-se de uma avaliação oral, o estudante não carece de nenhum material para a realização dessa.

O Protocolo é constituído de 30 cartas de aplicação, com um conjunto de consignas que são respondidas oralmente pelos estudantes. As consignas estão descritas na ficha do aplicador. De forma qualitativa é possível identificar as estratégias de contagem empregadas, a identificação de cores entre outros aspectos que podem ser identificados. A aplicação é realizada de forma oral, onde o aplicador apresenta a carta ao estudante a ser avaliado, lê a consigna que consta na ficha do aplicador, após registra a resposta do estudante.

As cartas de aplicação possuem uma numeração de página, para facilitar a organização da sequência dessas, contam ainda com um código de letras e números de cada um dos subtestes avaliados. Na Figura 6 está exemplificado uma das imagens das cartas e os aspectos dela.

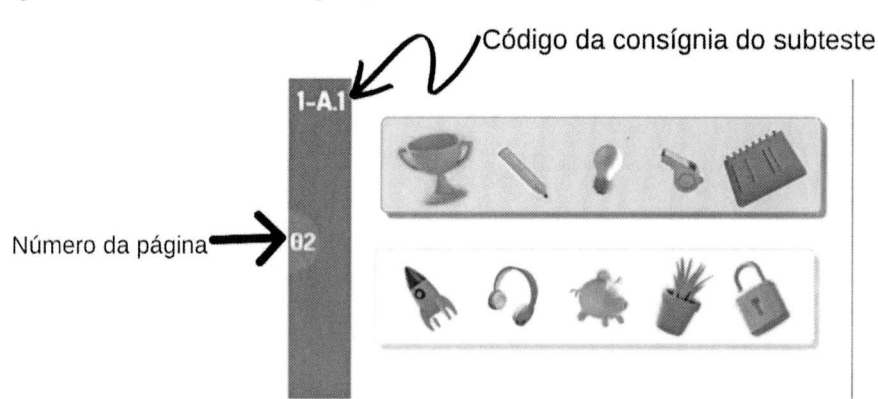

Figura 6 – Modelo de carta de aplicação do PAHMB

Fonte: elaborada pela autora

Ao iniciar a aplicação do PAHMB, o aplicador lê as instruções contidas na carta de instruções. As consignas estão escritas em linguagem clara e direta, para fácil compreensão do estudante. Durante toda a aplicação o aplicador permanece no campo de visão do estudante. A aplicação do Protocolo só deve ser iniciada após certificar-se de que o estudante tenha compreendido o que será proposto.

A ficha do aplicador foi organizada de forma que o professor tenha as consignas organizadas por subteste, tornando a aplicação mais fácil. Para aplicar o PAHMB não será preciso decorar perguntas e questionamentos argumentativos, bastará o professor seguir a ficha do aplicador e todas as consignas estarão ao seu alcance. Na ficha do aplicador serão registradas as respostas do estudante avaliado.

Para melhor identificação das respostas utilizou-se da estruturação que Sérgio Antonio da Silva Leite utiliza no Instrumento para avaliação do repertório básico para a alfabetização (IAR). Nesse instrumento, o professor ao corrigir o relatório de aplicação não fará uso de números ou notas, utilizará de cores para indicar os resultados obtidos pelo estudante avaliado (Leite, 2015). O autor descreve da seguinte forma:

> [...] o professor deverá pintar o espaço com uma das três cores de acordo com o seguinte código: azul, se o aluno acertou todos os itens da área (100% de acerto), verde, se o aluno acertou mais da metade dos itens (50% a 99% de acertos) e vermelho, se o aluno acertou até metade (0 a 49% de acertos). (Leite, 2015, p. 35).

Na utilização desse esquema de cores, azul será a cor indicativa de que o estudante possui o domínio total da área avaliada, já a cor verde significa que o estudante apresenta alguma dificuldade, ou seja, está na fase intermediária, a cor vermelha é indicativa de que o estudante apresenta muita dificuldade (Leite, 2015).

Na adaptação para o PAHMB utilizou-se do esquema de cores com pequenas alterações na porcentagem. A distinção está no aspecto de registro, na ficha do aplicador, cada uma das colunas de registro das respostas está indicada na cor de acordo com a quantidade e qualidade da resposta. As respostas corretas recebem a pontuação de três pontos, as respostas intermediárias dois pontos e as respostas incorretas recebem um ponto.

Dessa forma, o desempenho inferior refere-se a respostas que apresentem até 50% de acertos. Grande parte das questões do protocolo referem-se a respostas de sim ou não, há, no entanto, o questionamento sobre a explicação das suas respostas, chamado de questionamento argumentativo. O aplicador pode desconsiderar a resposta do estudante se identificar que a argumentação estiver incorreta. Da mesma forma, serão consideradas erradas as questões que o estudante não souber responder ou solicitar para deixar em branco.

Já o desempenho médio ou intermediário refere-se a respostas que apresentem percentual entre 51% e 90% de acertos. O estudante pode agir de algumas formas:

- em algumas respostas sua resposta é incorreta, mas ao ser questionado consegue explicar o raciocínio correto da resolução;
- responde corretamente à questão, inicia corretamente a argumentação, mas no decorrer dessa esquece ou não consegue concluir;
- inicia corretamente a explicação, tendo apontado a solução correta, mas desiste ou não termina a argumentação e ainda pode utilizar uma estratégia inadequada, porém identifica corretamente a resposta no decorrer da argumentação.

O desempenho superior refere-se a respostas que apresentem percentual de 91% a 100% de acertos. Nestas questões o estudante dirá com segurança a resposta, conseguindo argumentar de forma correta sua estratégia. Nesse caso, é muito comum que o avaliado acredite que a resposta é tão óbvia que nem deveria ser questionado acerca.

Dessa forma, o PAHMB possui uma pontuação total ao final de sua aplicação, de acordo com essa pontuação o professor da SRM poderá buscar na matriz de pontuação o nível em que o estudante se encontra. Poderá, ainda, observar o desenvolvimento do estudante em cada um dos subtestes pela matriz de resultados por habilidade.

Ao corrigir o PAHMB o professor identificará a pontuação obtida pelo estudante em cada um dos subtestes. Na matriz abaixo desse constam os valores dos pontos dos subtestes, assim o aplicador poderá marcar a pontuação e identificar na matriz o gráfico do estudante. Utilizou-se das mesmas cores utilizadas na ficha do aplicador, para facilitar a identificação do nível que o estudante se encontra. No Anexo C consta a matriz de pontuação do Protocolo de Avaliação de Habilidades Matemáticas Básicas.

Na ficha do aplicador há ainda espaço para o registro do horário de início e término da aplicação, além dos dados de identificação do estudante avaliado. Durante a realização do protocolo o aplicador não deve fazer menção a acertos ou erros. Mas pode fazer uso de expressões de elogio e encorajamento para motivar e encorajar o estudante.

Os resultados do PAHMB indicarão se o estudante carece de intervenção nas habilidades básicas matemáticas, e especificamente em quais delas. Os objetivos apontados nessa intervenção constituirão, dentre outros, o PDI desse estudante.

Com base na proposta de avaliação e intervenção baseadas em evidências, o professor da SRM deve munir-se de recursos que indiquem se as intervenções propostas por meio de objetivos do PDI do estudante estão sendo atingidos. Ao utilizar o PAHMB no início do ano letivo, ao mensurar as habilidades que carecem de estimulação, definindo objetivos para a ampliação dessas no PDI do estudante, e ao reavaliar esse, no decorrer do ano letivo o professor da SRM poderá identificar se houve a ampliação na construção das habilidades. Com a reavaliação utilizando um mesmo instrumento, nesse caso o PAHMB, o professor da SRM construirá evidências de seu trabalho nas intervenções propostas no atendimento educacional especializado.

Além da avaliação para a elaboração do PDI os professores da SRM avaliam os estudantes encaminhados pelos professores do ensino regular. Após essa avaliação e no caso de identificação de aspectos sugestivos de alguma deficiência ou transtorno o estudante é encaminhado para avaliação com a equipe multidisciplinar de algum centro ou mesmo profissionais da rede ou particulares. Esse processo pode ser diferente em outras realidades, na realidade investigada nesta pesquisa, o processo de encaminhamento e avaliação é o indicado.

O PAHMB pode ser um recurso valioso para a avaliação dos estudantes público-alvo da Educação Especial, ou com suspeitas de transtornos, deficiências ou dificuldades de aprendizagem. Sua importância surge especificamente no fato de não haver instrumentos específicos para a avaliação de habilidades matemáticas básicas de uso e acesso liberado.

O PAHMB também pode auxiliar os profissionais da Educação Especial na elaboração dos relatórios descritivos de estudantes. O parecer descritivo deve trazer a descrição do instrumento utilizado e aspectos da aplicação desse, além dos dados qualitativos e quantitativos da avaliação (Poker *et al.* 2013). Nesse sentido, e para ampliar os aspectos da pesquisa e da dissertação de mestrado, trago um exemplo de um parecer descritivo de um estudante hipotético. Possibilitando assim, ao leitor, ter um modelo, um exemplo de como acredito ser possível apresentar os resultados qualitativos e quantitativos após aplicação do PAHMB.

5.3 RELATÓRIO DESCRITIVO QUALITATIVO E QUANTITATIVO DO PAHMB

Após aplicar o Protocolo de Avaliação de Habilidades Matemáticas Básicas (PAHMB), o professor deverá elaborar um parecer descritivo indicando os aspectos qualitativos e quantitativos resultantes da avaliação. Para auxiliar os professores indico uma sugestão de relatório descritivo. Nele abordo os aspectos qualitativos, observados durante a aplicação do PAHMB com uma criança hipotética. Descrevi as situações com base em minha utilização do protocolo nos atendimentos educacionais especializados. O estudante hipotético apresentou acerto em todas as habilidades do protocolo.

No parecer descritivo da análise qualitativa as respostas corretas foram descritas, de forma a auxiliar profissionais que desejem utilizar o PAHMB e posteriormente elaborar um relatório. Ao final encontra-se a matriz de pontuação e tabela de pontuação total de cada uma das habilidades para a análise quantitativa dos resultados da aplicação do protocolo. Não indicarei os dados iniciais, ou cabeçalho, pois acredito que cada profissional tenha o seu modelo ou padrão da rede de ensino.

Esse modelo de parecer descritivo apresenta os dados qualitativos e quantitativos da aplicação do Protocolo de Avaliação de Habilidades Matemáticas Básicas (Richter, 2022). A aplicação do PAHMB foi realizada em um atendimento individualizado da sala de recursos multifuncionais. O estudante hipotético possui 8 anos, é estudante público-alvo da Educação Especial, diagnosticado com transtorno do desenvolvimento intelectual leve (CID-11 6A00.0), frequenta o 2º ano do Ensino Fundamental, na escola hipotética. Não possui atendimentos terapêuticos fora da instituição de ensino, possui um atendimento semanal de 1h15 na sala de recursos multifuncionais da instituição.

Antes de iniciar a avaliação, foi-lhe explicado que se tratava de um teste para identificar as habilidades matemáticas, mas que não se constituía de uma prova acadêmica. Explicou-se ainda que para a realização do PAHMB não seria preciso escrever nada, que seria respondido de forma oral. Informou-se que após cada pergunta ele deveria dar uma explicação acerca de como havia pensado para chegar a aquela resposta, e que poderia pensar em voz alta, e que isso seria muito bom para as respostas serem bem compreendidas.

Explicou-se ainda que não havia necessariamente respostas certas ou erradas, mas sim ideias e formas do que ele acreditava nesse momento, e que era isso que o protocolo buscaria apontar, a forma como o estudante hipotético pensava a Matemática. Foi-lhe dito que haveria 30 cartas, e que essas estavam separadas em subtestes de nível, fácil, médio e difícil, e que, caso alguma fosse muito difícil, poderia pedir para pular ou falar "eu não sei".

Durante a aplicação o estudante hipotético mostrou-se atento, não chegou a bocejar em nenhum momento. Compreendeu os questionamentos e não precisou de repetições.

Com relação à **CORRESPONDÊNCIA VISUAL DIRETA** o estudante hipotético conseguiu estabelecer correspondência ótica de elemento para elemento, mesmo com a consigna de não estabelecer contagens. Estabeleceu correspondência ótica entre duas quantidades iguais em formatações distintas, identificando que os dados e as mãos apresentam a quantia 8. Associou diferentes maneiras de representar a mesma quantidade, identificando o material dourado e relacionando a dezena com a quantidade 10.

Com relação à **PERCEPÇÃO VISUAL INDIRETA**, apresentou facilidade em corresponder a relação de quantidades em disposição espacial distinta. Nomeou adequadamente o quadrado e o círculo. Estabeleceu correspondência entre figuras geométricas em disposições espaciais e tamanhos diferentes. Reconheceu o nomeou o algarismo 9, bem como estabeleceu correspondência entre imagens e algarismo numérico.

Na **PERCEPÇÃO DA CORRESPONDÊNCIA DE UM ELEMENTO DE UM CONJUNTO COM VÁRIOS ELEMENTOS DE OUTRO CONJUNTO** utilizou do pareamento para corresponder um elemento a outros elementos de outro conjunto, identificando os pares de pés e calçados. Conseguiu corresponder um elemento a outros três elementos de outro conjunto com os pratos e talheres, realizou a contagem dos pratos, realizando o pareamento com o trio de talheres. Identificou inicialmente a operação 8+1, mas ao olhar para a carta logo percebeu que as 3 operações tinham o mesmo resultado, conseguindo, portanto, corresponder um algarismo numérico a fatos básicos da adição.

Com relação à habilidade de **ASSOCIAÇÃO DE UMA IDEIA PRESENTE EM DOIS OBJETOS DIFERENTES**, teve facilidade em corresponder a relação entre as imagens apresentadas, não fez pareamento um a um para mostrar que os animais tinham alimentos, verbalizou com confiança. Conseguiu associar a igualdade presente em duas operações de adição, resolveu as operações com estratégia de soma recursiva, fez a soma oralmente sem apoio dos dedos. Reconheceu as frações, e associou a igualdade presente em frações equivalentes, utilizando a imagem e não os algarismos para basear sua resposta.

Estabeleceu adequadamente **COMPARAÇÃO** de quantidades entre elementos distintos organizados em dois grupos. Utilizou o princípio de contagem visual, não necessitando contar individualmente os elementos dos grupos para justificar sua resposta. Estabeleceu a igualdade na situação-problema apresentada referindo a divisão das bolas do menino. Identificou igualdades presentes nas árvores apresentadas (indicando que todas possuem tronco, todas possuem grama, raízes, folhas). Com relação às diferenças entre as árvores conseguiu observar o conjunto apresentado e enumerou as cores das folhas, a quantidade de folhas, a forma do tronco e dos galhos.

Quanto a **CLASSIFICAÇÃO**, nomeou adequadamente as cores dos cubos, diferenciando inclusive as tonalidades de algumas cores (azul fraco e azul forte). Utilizou a evocação para a contagem dos cubos amarelos nomeando adequadamente a quantidade apresentada, classificando conforme um critério de cor. Apresentou noção de tamanho, nomeando as imagens apresentadas e classificando-as a partir de dois atributos distintos (ser animal e ter tamanho grande). Na classificação dos números pelo critério de ser par ou ímpar, apresentou a explicação de números formando grupos de dois em dois, apresentou pares de dedos para justificar sua resposta. Conseguiu identificar os números pares e ímpares presentes na carta.

Com relação à habilidade de **SEQUENCIAÇÃO**, ordenou as figuras com base em três classes sem critérios preestabelecidos (alimentos, brinquedos e materiais escolares). Nomeou adequadamente as dezenas apresentadas, utilizando o critério de ordem numérica crescente (do menor ao maior) para criar sua sequenciação. Relatou conhecer as frações, nomeando adequadamente, para a classificação utilizou do critério de quantidade de partes em ordem crescente para organizar sua coleção.

No que diz respeito à **SERIAÇÃO** ou **ORDENAÇÃO**, ordenou os fatos da história do gato, relatando oralmente o que estava ocorrendo nas cenas. Identificou a peça para a continuação da sequência repetitiva apresentada, atribuindo o atributo de cor e forma. Identificou as sequências recursivas com os cubos e esferas, afirmando a quantidade de esferas necessárias para a continuidade da sequência. Identificou com facilidade a sequência numérica de pares, justificando que a sequência era formada de 2 em 2. Estabeleceu ordem de valor posicional, nomeando corretamente o algarismo apresentado.

Com relação à habilidade de **INCLUSÃO**, identificou com facilidade que a fruta não fazia parte do grupo de roupas. Utilizou critério de comparação para excluir a bola do grupo de imagens, na argumentação afirmou que se tratava de formas quadradas, o que eliminava a bola. Identificou regularidades (cores dos números em tonalidades de verde, letra identificando os dois grupos, a quantidade de números em cada grupo) e diferenças (grafia — tipo de letra, conjunto de números, sendo um par e outro ímpar) entre os números apresentados. Diferenciou corretamente o grupo A como sendo dos números pares e o grupo B como sendo dos números ímpares.

Na habilidade de **CONSERVAÇÃO** estabeleceu conservação entre quantidades idênticas de corações, apesar da formatação distinta. Identificou a percepção de conservação de quantidade de tempo, referindo que 30 minutos e meia-hora tratam do mesmo tempo, sendo apenas uma forma distinta de nomeação. Identificou que o transvase de líquidos não altera a quantidade, referindo que ao colocar o suco da garrafa para os copos e ao voltar dos copos para a garrafa a quantia se manteria a mesma.

A - RESULTADOS DA AVALIAÇÃO — DADOS QUANTITATIVOS

Pontos	CORRESPONDÊNCIA				COMPARAÇÃO	CLASSIFICAÇÃO	SEQUENCIAÇÃO	ORDENAÇÃO	INCLUSÃO	CONSERVAÇÃO
	A	B	C	D						
18						X				
17										
16										
15									X	X
14										
13										
12					X					
11										
10										
09	X	X	X	X			X			X
08										
07										
06										
05										
04										
03										
02										
01										

PONTUAÇÃO TOTAL POR HABILIDADE

NÍVEL	CORRESPONDÊNCIA	COMPARAÇÃO	CLASSIFICAÇÃO	SEQUENCIAÇÃO	ORDENAÇÃO	INCLUSÃO	CONSERVAÇÃO
ALTO	35 a 36	11 a 12	17 a 18	08 a 09	14 a 15	14 a 15	08 a 09
INTERMEDIÁRIO	31 a 34	08 a 10	10 a 16	05 a 07	08 a 13	08 a 13	05 a 07
BAIXO	01 a 30	01 a 07	01 a 09	01 a 04	01 a 07	01 a 07	01 a 04
Pontuação do estudante	36	12	18	9	15	15	9

PONTUAÇÃO TOTAL DO TESTE

NÍVEL	PORCENTAGEM	PONTUAÇÃO POR NÍVEL	PONTUAÇÃO DO ESTUDANTE
ALTO	91 a 100%	103 a 114	114
INTERMEDIÁRIO	51 a 90%	58 a 102	
BAIXO	- de 50%	38 a 57	

Como conclusão pode-se identificar que as habilidades matemáticas básicas do estudante hipotético se encontram em nível adequado. Não há necessidade, portanto, de que seu PDI indique objetivos para estas habilidades.

6

CONSIDERAÇÕES FINAIS

Este livro foi escrito a partir do texto da minha dissertação de mestrado, alguns aspectos foram modificados, outros atualizados. Na perspectiva de apontamentos finais, busca-se evidenciar os aspectos discutidos no decorrer deste livro. Importante ressaltar que as considerações e resultados aqui discutidos e indicados foram construídos a partir dos fatos analisados até o momento com base nas leituras e estudos realizados até aqui. Não se objetiva concluir ou finalizar a pesquisa ou a análise da temática, até porque na Educação Especial as concepções e possibilidades estão sempre a evoluir e se alterar. Não há um fim, uma conclusão, há sim um terminar, um fechamento deste texto, não desta temática.

A inclusão é muito ampla, abrangendo distintos atores e aspectos da sociedade. No que cabe à Educação Inclusiva, buscou-se um foco específico na perspectiva de Educação Especial. A revisão bibliográfica e documental indicou que a Educação Especial enquanto modalidade de ensino está apontada nos documentos oficiais desde a Lei nº 7.853/89. Essa modalidade de ensino é ofertada na rede regular de ensino de forma transversal, para o público-alvo da Educação Especial.

Na busca por compreender os aspectos e processos de definição desse público-alvo elencou-se o processo histórico do início dos atendimentos e das nomenclaturas e definições empregadas por distintos autores e documentos oficiais. Identificou-se que esse público é constituído por estudantes com deficiência, transtornos globais do desenvolvimento e altas habilidades/superdotação.

A modalidade de ensino da Educação Especial é ofertada ao público-alvo da Educação Especial por meio do atendimento educacional especializado, que pode ser realizado em escolas especiais, classes especiais, centros especiais, em salas de recursos específicas e em salas de recursos multifuncionais. Foquei-me nos aspectos do atendimento educacional especializado, ofertado em sala de recursos multifuncionais pelo professor de Educação Especial, ou professor de SRM, visto ser esse o meu espaço de trabalho e dos participantes da pesquisa do mestrado.

Ao professor de SRM estão imbuídas distintas atribuições, dentre essas a elaboração do Plano de Adaptação Curricular e do Plano de Desenvolvimento Individual. Para a elaboração desses documentos cabe ao professor da SRM avaliar o estudante público-alvo da Educação Especial para identificar as barreiras que dificultam ou impossibilitam a plena participação desse estudante em todos os espaços e aprendizagens da escola.

Com relação à identificação de como os professores da SRM definem os instrumentos e testes utilizados nas avaliações de habilidades matemáticas realizadas no atendimento educacional especializado as respostas dos participantes do estudo de caso não apontaram indícios suficientes.

A pesquisa documental na legislação e documentos publicados pelo MEC e conselhos de educação também não apontou resultados conclusivos acerca dos instrumentos e testes a serem empregados pelos professores de SRM na avaliação de habilidades matemáticas de estudantes público-alvo da Educação Especial. Como o Conselho Federal de Psicologia é o órgão que regulamenta os testes e instrumentos avaliativos de psicólogos e demais profissionais buscou-se identificar o que esse órgão aponta acerca da avaliação na seara da Educação Especial, não se encontrou indicação ou referência quanto à utilização de instrumentos avaliativos na seara da Educação Especial.

Alguns aspectos que se mostraram desafiadores para a produção da dissertação e posteriormente deste livro, foi a própria definição de habilidades matemáticas básicas. Não sendo encontrado um consenso, e um conjunto de habilidades idênticas nas referências analisadas. Optou-se, portanto, em seguir uma linha de pesquisa de um grupo de autores, a partir da pesquisa bibliográfica realizada nos estudos de Jean Piaget e Constance Kamii chegou-se aos sete processos mentais básicos da matemática de Sérgio Lorenzato.

A fundamentação teórica da proposta de Lorenzato mostrou-se um desafio, visto a pouca quantidade de pesquisas publicadas acerca da temática. Eis aqui um dos motivos para a publicação deste livro.

Entendo a construção matemática enquanto aprendizagem social, constituída e construída por meio de processos de interação. A organização das estruturas cognitivas dá-se por etapas, e ao estimular e compreender a evolução dessas o professor da Educação Especial pode auxiliar grandemente na construção do conhecimento dos estudantes por ele atendidos.

Na construção do conhecimento físico, o estudante carecerá de informações empíricas adquiridas por meio de suas observações. O conhecimento físico está intimamente relacionado ao conhecimento social, visto que a linguagem é utilizada na definição e descrição dos aspectos observados. Essa abstração simples terá como base as experiências, as vivências e as relações que o estudante estiver a estabelecer. O conhecimento lógico-matemático é constituído de relações mentais que o estudante estabelece ao relacionar e refletir sobre as propriedades dos objetos. Essa abstração reflexiva é muito pessoal, e depende grandemente do conjunto de informações e vivências que a criança teve.

Com relação aos princípios de contagem, indico neste livro duas classificações distintas. Há os princípios de contagem oral, que elencam o processo de construção da habilidade de contagem pela criança, e os princípios de contagem para as operações de adição. No processo de construção da habilidade de somar as crianças apresentam uma evolução na utilização de princípios de contagem dos objetos e dos algarismos para a resolução dos algoritmos e situações-problema.

Ao realizar a avaliação o professor deve atentar para a identificação dos aspectos em que o estudante apresente dificuldades, ou defasagens, para, então, na proposta de intervenção, buscar por meio de distintas estratégias desenvolver essas habilidades que se apresentam deficitárias. Na busca por identificar as habilidades matemáticas básicas, essenciais para a construção do número e do senso numérico, identificou-se que muitos autores apontam a hierarquia dos conhecimentos matemáticos. A construção hierárquica do conhecimento matemático da criança perpassa as habilidades de corresponder, comparar, classificar, sequenciar, ordenar ou seriar, incluir e conservar.

A indefinição de instrumentos avaliativos, que venham a auxiliar o professor da Educação Especial na identificação das habilidades matemáticas básicas, levou a elaboração do protocolo de avaliação das habilidades matemáticas básicas para a sala de recursos multifuncionais, como produto educacional da minha pesquisa de mestrado. O Protocolo constitui-se de um *ebook*, nesse estão apontadas as instruções de aplicação, a fundamentação teórica da proposta, a ficha do aplicador e as cartas de aplicação. Neste livro apresento os aspectos descritivos do protocolo e um modelo, ou exemplo, de parecer descritivo a ser elaborado pelo professor de Educação Especial com os dados qualitativos e quantitativos da aplicação.

Importante destacar que, apesar de acreditar e propor a avaliação por meio de instrumentos, não conceituo o atendimento educacional especializado pelo viés clínico-médico. O paradigma da visão clínico-médica numa relação direta com a visão pedagógica dos atendimentos educacionais especializados certamente ainda existe, mas, na interlocução entre os agentes da Educação Especial, é possível desenvolver propostas que busquem a educação integral do estudante público-alvo da Educação Especial.

Um dos pontos que certamente deve ser evidenciado é a prática de avaliação por equipe multidisciplinar, na realidade investigada há o Cies. Por acreditar em sua relevância e importância dedico parte do texto a explicar o funcionamento e montante de atendimentos além da estrutura desse. Propostas de atendimento de equipe multidisciplinar como a do Cies devem ser multiplicadas. O montante de atendimentos realizados pelos profissionais da instituição demonstra a importância desse para a comunidade e em especial para os estudantes. É perceptível que ainda há aspectos a desenvolver, como a relação do Centro com os profissionais da Educação Especial, além de outros aspectos já apontados pela pesquisa de Grasielle Hoffmann Vogt e Alexandro Cagliari (2019).

Um dos aspectos que viria a auxiliar grandemente no tempo de avaliação e no fluxograma dos atendimentos seria a definição e construção de um protocolo único de avaliação pedagógica a ser aplicado pelos professores de Educação Especial. Esse protocolo, além da agilizar o percurso de avaliação da equipe multiprofissional poderia auxiliar os professores da SRM nas suas avaliações pedagógicas para definição dos objetivos do PDI e do Plano de Adaptação Curricular. Cabe, certamente, estudos futuros acerca dos documentos que o professor de SRM elabora, visto que os documentos oficiais e as cartilhas já publicadas apresentam nomenclaturas distintas e nem sempre definem o instrumento a ser utilizado na avaliação para a definição dos objetivos do PDI e do Plano de Adaptação Curricular.

A avaliação baseada em evidências mostra-se, a partir da publicação da Política Nacional de Educação Especial: Equitativa, Inclusiva e com Aprendizado ao Longo da Vida (Brasil, 2020b) e do Renabe (Brasil, 2020d), como um forte indício do caminho que a legislação e as publicações de documentos oficiais seguirão. O referido documento (Brasil, 2020d) apresenta as pesquisas de diversos autores que estão diretamente envolvidos com a produção e venda de testes padronizados, como Seabra e Capovilla. Certamente pesquisadores da educação terão grande trabalho para analisar como este ensino e avaliação baseados em evidências serão implementados.

Cabe aos profissionais atuando na Educação Especial publicarem suas práticas de intervenção e avaliação, possibilitando que essas sejam conhecidas e avaliadas pelos pares. O profissional que atua no atendimento educacional especializado precisa desempenhar papel de autoria, mostrando e divulgando as suas práticas exitosas.

Ao professor de Educação Especial, atuando em sala de recursos multifuncionais, cabe divulgar sua prática, mas, para isso, é preciso que faça uso de práticas baseadas em evidências. A conceituação do que são e como desenvolver práticas baseadas em evidências carece de maiores pesquisas e publicações. As pesquisas acerca da elaboração e implementação de programas específicos de intervenção pode ser de grande valia nesse sentido.

Espero que o conteúdo deste livro possa auxiliar o leitor e que o estimule a ponto de iniciar sua própria jornada na busca por publicar suas práticas exitosas. Na seara da Educação Especial, carecemos cada vez mais de relatos de casos de sucesso.

REFERÊNCIAS

AGUIAR, Allaska Pereira; VENDRUSCOLO, Vanissia. Identificação precoce das alterações fonoaudiológicas. *In*: RUSSO, Rita Margarida Toler (org.). **Neuropsicopedagogia Institucional**. Curitiba: Juruá Editora, 2018. p. 1115.

ALMEIDA, Ana Raquel da Silva; PICARELLI, Simone Seixas. A construção do número pela criança. **Revista de Pós-Graduação Multidisciplinar**, São Paulo, v. 1, n. 5, p. 43-56, out./dez. 2018.

ALVES, Denise de Oliveira; GOTTI, Marlene de Oliveira; GRIBOSKI, Claudia Maffini; DUTRA, Claudia Pereira. **Sala de recursos multifuncionais**: espaços para atendimento educacional especializado. Brasília: Ministério da Educação, Secretaria de Educação Especial, 2006. Disponível em: http://www.dominiopublico.gov.br/download/texto/me002991.pdf. Acesso em: 7 fev. 2024.

AMERICAN PSYCHIATRIC ASSOCIATION. **Manual diagnóstico e estatístico de transtornos mentais**. Tradução de Maria Inês Corrêa Nascimento. 5. ed. Porto Alegre: Artmed, 2014.

ANACHE, Alexandra Ayach; RESENDE, Dannielly Araújo Rosado. Caracterização da avaliação da aprendizagem nas salas de recursos multifuncionais para alunos com deficiência intelectual. **Revista Brasileira de Educação**, Rio de Janeiro, v. 21, n. 66, p. 569-591, jul./set. 2016. Disponível em: https://www.redalyc.org/articulo.oa?id=27546753003. Acesso em: 18 nov. 2020.

ARANHA, Maria Salete Fábio. **Projeto Escola Viva**: garantindo o acesso e permanência de todos os alunos na escola: necessidades educacionais especiais dos alunos. Brasília: Ministério da Educação, Secretaria de Educação Especial, 2005. Disponível em: http://portal.mec.gov.br/seesp/arquivos/pdf/visaohistorica.pdf. Acesso em: 14 out. 2021.

ASSIS, Évelin Fulginiti de Assis; CORSO, Luciana Vellinho; THORNTON, Alessandra Figueiró; NUNES, Sula Cristina Teixeira. Estudo do senso numérico: aprendizagem matemática e pesquisa em perspectiva. **Revista Eletrônica de Educação**, São Carlos, v. 14, p. 1-15, jan./dez. 2020. Disponível em: https://www.reveduc.ufscar.br/index.php/reveduc/article/view/2757. Acesso em: 7 fev. 2024.

BAPTISTA, Claudio Roberto. Política pública, Educação Especial e escolarização no Brasil. **Educação e Pesquisa**, São Paulo, v. 45, 2019. Disponível em: https://

www.scielo.br/j/ep/a/8FLTQYvVChDcF77kwPHtSww/?lang=pt. Acesso em: 25 maio 2021.

BARBOSA, Heloiza Helena de Jesus. Das Competências Quantitativas Iniciais para o Conceito de Número Natural: Quais as Trilhas Possíveis? **Psicologia:** Reflexão e Crítica, Santa Catarina, v. 25, n. 2, p. 350-358, 2012. Disponível em: https://www.scielo.br/j/prc/a/VPzydc74NQK9Xbkz3hVg8cR/abstract/?lang=pt. Acesso em: 6 mar. 2019.

BARBOSA, Heloiza Helena de Jesus. Sentido de número na infância: uma interconexão dinâmica entre conceitos e procedimentos. **Paidéia** (Ribeirão Preto), Ribeirão Preto, v. 17, n. 37, p. 181-194, ago. 2007. Disponível em: http://www.scielo.br/scielo.php?script=sci_arttext&pid=S0103-863X2007000200003&lng=en&nrm=iso. Acesso em: 6 mar. 2019.

BATISTA, Cristina Abranches Mota; MANTOAN, Maria Teresa Egler. **Educação inclusiva:** Atendimento educacional especializado para a deficiência mental. 2. ed. Brasília: MEC, SEESP, 2006.

BATISTA, Leila Santos; GONÇALVES, Bárbara; ANDRADE, Márcia Siqueira de. Avaliação psicopedagógica de criança com alterações no desenvolvimento: relato de experiência. **Rev. psicopedag.**, São Paulo, v. 32, n. 99, p. 326-335, 2015. Disponível em: http://pepsic.bvsalud.org/scielo.php?script=sci_arttext&pid=S0103-84862015000300006&lng=pt&nrm=iso. Acesso em: 15 out. 2019.

BRASIL. Câmara dos Deputados. Decreto n. 7.245, 3 de julho de 1973. Cria o Centro Nacional de Educação Especial e dá outras providências. Brasília, DF, 1973. Disponível em: https://www2.camara.leg.br/legin/fed/decret/1970-1979/decreto-72425-3-julho-1973-420888-publicacaooriginal-1-pe.html. Acesso em: 30 maio 2020.

BRASIL. [Constituição (1988)]. **Constituição da República Federativa do Brasil.** Brasília, DF: Senado Federal, 1988. Disponível em: http://www.planalto.gov.br/ccivil_03/constituicao/constituicao.htm. Acesso em: 14 set. 2021.

BRASIL. Lei nº 8.069, de 13 de julho de 1990. Dispõe sobre o Estatuto da Criança e do Adolescente e dá outras providências. Brasília, DF, 1990. Disponível em: http://www.planalto.gov.br/ccivil_03/leis/l8069.htm. Acesso em: 30 abr. 2020.

BRASIL. **Declaração de Salamanca e linha de ação sobre necessidades educativas especiais.** Brasília: UNESCO, 1994.

BRASIL. Secretaria de Educação Especial. **Política Nacional de Educação Especial**: Educação Especial – Um direito assegurado. Brasília: [s. n.], 1994. Disponível em: https://inclusaoja.files.wordpress.com/2019/09/polc3adtica-nacional-de-educacao-especial-1994.pdf. Acesso em: 30 abr. 2020.

BRASIL. Ministério da Educação e do Desporto. Secretaria de Educação Especial. **Subsídios para a organização e funcionamento de serviços de educação especial**. Brasília: MEC/SEESP, 1995a. Disponível em: http://www.dominiopublico.gov.br/download/texto/me002303.pdf. Acesso em: 29 out. 2020.

BRASIL. Lei nº 9.394, de 20 de dezembro de 1996. Estabelece as diretrizes e bases da educação nacional. Brasília, DF, 1996. Disponível em: http://www.planalto.gov.br/ccivil_03/leis/l9394.htm. Acesso em: 19 maio 2020.

BRASIL. Secretaria de Educação Fundamental. **Parâmetros curriculares nacionais**: matemática. Secretaria de Educação Fundamental. Brasília: MEC/SEF, 1997. Disponível em: http://portal.mec.gov.br/seb/arquivos/pdf/livro03.pdf. Acesso em: 18 maio 2020.

BRASIL. Ministério da Educação. **Parâmetros Curriculares Nacionais**: Estratégias para os alunos com necessidades educacionais especiais. Brasília: MEC/SEF/SEESP, 1998. Disponível em: https://gedh-uerj.pro.br/wp-content/uploads/tainacan-items/14699/25168/1998_MEC_Parametro_Curricular_Nacional_Adaptacao_Curricular_Necessidade_Educacional_Especial.pdf. Acesso em: 7 fev. 2024.

BRASIL. Decreto nº 3.298, de 20 de dezembro de 1999. Regulamenta a Lei no 7.853, de 24 de outubro de 1989, dispõe sobre a Política Nacional para a Integração da Pessoa Portadora de Deficiência, consolida as normas de proteção, e dá outras providências. Brasília, DF, 1999. Disponível em: http://www.planalto.gov.br/ccivil_03/decreto/d3298.htm. Acesso em: 14 jun. 2020.

BRASIL. Lei nº 10.048, de 8 de novembro de 2000. Dá prioridade de atendimento às pessoas que especifica, e dá outras providências. Brasília, DF, 2000. Disponível em: http://www.planalto.gov.br/ccivil_03/leis/l10048.htm. Acesso em: 16 abr. 2020.

BRASIL. Lei nº 10.098, de 19 de dezembro de 2000. Estabelece normas gerais e critérios básicos para a promoção da acessibilidade das pessoas portadoras de deficiência ou com mobilidade reduzida, e dá outras providências. Brasília, DF, 2000. Disponível em: https://www2.camara.leg.br/legin/fed/lei/2000/lei-10098-19-dezembro-2000-377651-publicacaooriginal-1-pl.html. Acesso em: 16 abr. 2020.

BRASIL. Lei nº 10.172, de 09 de janeiro de 2001. Aprova o Plano Nacional de Educação e dá outras providências. Brasília, DF, 2001. Disponível em: http://www.planalto.gov.br/ccivil_03/leis/leis_2001/l10172.htm. Acesso em: 30 abr. 2020.

BRASIL. Conselho Nacional de Educação. Parecer CNE/CP nº 28, de 2 de outubro de 2001. Dá nova redação ao Parecer CNE/CP 21/2001, que estabelece a duração e a carga horária dos cursos de Formação de Professores da Educação Básica, em nível superior, curso de licenciatura, de graduação plena. **Diário Oficial [da] República Federativa do Brasil**: seção 1, Brasília, DF, p. 31, 18 jan. 2002. Disponível em: http://portal.mec.gov.br/cne/arquivos/pdf/028.pdf. Acesso em: 17 out. 2020.

BRASIL. Decreto nº 3.956, de 8 de outubro de 2001. Promulga a Convenção Interamericana para a Eliminação de Todas as Formas de Discriminação contra as Pessoas Portadoras de Deficiência. Guatemala: 2001. Disponível em: http://www.planalto.gov.br/ccivil_03/decreto/2001/d3956.htm. Acesso em: 20 jun. 2021.

BRASIL. Ministério da Educação. Resolução CNE/CEB nº 02, de 11 de setembro de 2001. Institui as Diretrizes Nacionais para Educação Especial na Educação Básica. Brasília, 2001. Disponível em: http://portal.mec.gov.br/cne/arquivos/pdf/CEB0201.pdf. Acesso em: 10 mar. 2010.

BRASIL, Ministério da Educação. **Política e resultados 1995 - 2002**: Educação Especial. Brasília: [s. n.], 2002. Disponível em: http://www.dominiopublico.gov.br/pesquisa/DetalheObraForm.do?select_action=&co_obra=25085. Acesso em: 12 jun. 2020.

BRASIL. Lei nº. 10.436, de 24 de abril de 2002. Dispõe sobre a Língua Brasileira de Sinais – LIBRAS e dá outras providências. Brasília, DF, 2002. Disponível em: http://www.planalto.gov.br/ccivil_03/leis/2002/l10436.htm. Acesso em: 18 mar. 2021.

BRASIL. Ministério da Educação. Portaria nº 2.678, de 24 de setembro de 2002. Aprova o projeto da Grafia Braille para a Língua Portuguesa e recomenda o seu uso em todo o território nacional. [S. l.], 2002.

BRASIL. Decreto nº 5.296 de 2 de dezembro de 2004. Regulamenta as Leis nos 10.048, de 8 de novembro de 2000, que dá prioridade de atendimento às pessoas que especifica, e 10.098, de 19 de dezembro de 2000 [...]. Brasília, DF, 2004. Disponível em: http://www.planalto.gov.br/ccivil_03/_ato2004-2006/2004/decreto/d5296.htm. Acesso em: 29 ago. 2020.

BRASIL. Ministério Público Federal. **O acesso de alunos com deficiência às escolas e classes comuns da rede regular**. 2. ed. rev. e atualiz. Fundação Procurador

Pedro Jorge de Melo e Silva (org.). Brasília: Procuradoria Federal dos Direitos do Cidadão, 2004. Disponível em: https://media.campanha.org.br/semanadeacaomundial/2008/materiais/SAM_2008_cartilha_acesso_alunos_com_deficiencia.pdf. Acesso em: 24 maio 2020.

BRASIL. Decreto Nº 5.626, de 22 de dezembro de 2005. Regulamenta a Lei nº 10.436, de 24 de abril de 2002. Brasília, DF, 2005. Disponível em: http://www.planalto.gov.br/ccivil_03/_ato2004-2006/2005/decreto/d5626.htm. Acesso em: 1 maio 2021.

BRASIL. **Saberes e práticas da inclusão**: avaliação para identificação das necessidades educacionais especiais. 2. ed. Brasília: MEC, Secretaria de Educação Especial, 2006. Disponível em: http://portal.mec.gov.br/seesp/arquivos/pdf/avaliacao.pdf. Acesso em: 8 abr. 2020.

BRASIL. Ministério da Educação. **Plano de Desenvolvimento da Educação**: razões, princípios e programas. Brasília: MEC, 2007.

BRASIL. Decreto nº 6.253, de 13 de novembro de 2007. Dispõe sobre o Fundo de Manutenção e Desenvolvimento da Educação Básica e de Valorização dos Profissionais da Educação - FUNDEB, regulamenta a Lei no 11.494, de 20 de junho de 2007, e dá outras providências. Brasília, DF, 2007. Disponível em: http://www.planalto.gov.br/ccivil_03/_Ato2007-2010/2007/Decreto/D6253.htm. Acesso em: 11 abr. 2020.

BRASIL. Portaria Normativa nº 13, de 24 de abril de 2007. Dispõe sobre a criação do "Programa de Implantação de Salas de Recursos Multifuncionais". [S. l.], 26 abr. 2007. Disponível em: http://portal.mec.gov.br/index.php?option=com_docman&view=download&alias=9935-portaria-13-24-abril-2007&Itemid=30192. Acesso em: 16 abr. 2020.

BRASIL. Ministério da Educação. Secretaria de Educação Especial. **Política nacional de educação especial na perspectiva da educação inclusiva**. Brasília, DF, 2008.

BRASIL. **Pró-Letramento**: Programa de Formação Continuada de Professores dos Anos/Séries Iniciais do Ensino Fundamental: matemática. Ed. rev. e ampl. Brasília: Ministério da Educação, Secretaria de Educação Básica, 2008b. Disponível em: http://portal.mec.gov.br/index.php?option=com_docman&view=download&alias=6003-fasciculo-mat&category_slug=julho-2010-pdf&Itemid=30192. Acesso em: 17 set. 2021.

BRASIL. Decreto nº 6.571, de 17 de setembro de 2008. Dispõe sobre o atendimento educacional especializado, regulamenta o parágrafo único do art. 60 da Lei no 9.394, de 20 de dezembro de 1996, e acrescenta dispositivo ao Decreto nº 6.253, de 13 de novembro de 2007. Brasília, DF, 2008. Disponível em: http://www.planalto.gov.br/ccivil_03/_ato2007-2010/2008/decreto/d6571.htm. Acesso em: 8 abr. 2020.

BRASIL. Secretaria de Educação Especial. **Política Nacional de Educação Especial na Perspectiva da Educação Inclusiva**. Brasília, DF, jan. 2008a.

BRASIL. Decreto nº 6.949, de 25 de agosto de 2009. Promulga a Convenção Internacional sobre os Direitos das Pessoas com Deficiência e seu Protocolo Facultativo, assinados em Nova York, em 30 de março de 2007. [S. l.], 2009. Disponível em: http://www.planalto.gov.br/ccivil_03/_ato2007-2010/2009/decreto/d6949.htm. Acesso em: 10 abr. 2020.

BRASIL. Conselho Nacional de Educação. Câmara de Educação Básica. Parecer n.º 13, de 24 de setembro de 2009. Diretrizes operacionais para o atendimento educacional especializado na Educação Básica, modalidade Educação Especial. Brasília: MEC, 2009. Disponível em: http://portal.mec.gov.br/index.php?option=-com_docman&view=download&alias=428-diretrizes-publicacao&Itemid=30192. Acesso em: 14 fev. 2020.

BRASIL. Decreto nº 10.094, de 6 de novembro de 2009. Dispõe sobre o Comitê Interministerial de Tecnologia Assistiva. Brasília, DF, 2009. Disponível em: http://www.planalto.gov.br/ccivil_03/_ato2019-2022/2019/decreto/D10094.htm. Acesso em: 30 abr. 2020.

BRASIL. MEC/SEESP/GAB. Nota Técnica nº 17, de 9 de dezembro de 2009. Projeto de Emenda à Constituição Federal - PEC 347 - A, de 2009, que altera o inciso III, do art. 208, propondo a seguinte redação: III - atendimento educacional especializado aos portadores de deficiência, preferencialmente na rede regular de ensino, em qualquer faixa etária e nível de instrução. Brasília, DF, 2009. Disponível em: http://portal.mec.gov.br/index.php?option=com_docman&view=download&alias=17237-secadi-documento-subsidiario-2015&Itemid=30192. Acesso em: 18 fev. 2020.

BRASIL. Nota Técnica nº 13, de 22 de dezembro de 2009. A Educação Especial e sua operacionalização pelos sistemas de ensino. Brasília, DF, 2009. Disponível em: http://portal.mec.gov.br/index.php?option=com_docman&view=download&alias=17237-secadi-documento-subsidiario-2015&Itemid=30192. Acesso em: 19 jul. 2020.

BRASIL. Ministério da Educação. Conselho Nacional de Educação. Câmara de Educação Básica. Resolução nº 4, de 2 de outubro de 2009. Institui Diretrizes Operacionais para o Atendimento Educacional Especializado na Educação Básica, modalidade Educação Especial. Brasília, DF, 2009. Disponível em: http://portal.mec.gov.br/dmdocuments/rceb004_09.pdf. Acesso em: 18 nov. 2020.

BRASIL. Conselho Nacional de Educação/Câmara de Educação Básica. Parecer nº 7, de 7 de abril de 2010. Diretrizes Curriculares Nacionais Gerais para a Educação Básica. [S. l.], 9 jul. 2010. Disponível em: http://portal.mec.gov.br/index.php?option=com_docman&view=download&alias=5367-pceb007-10&category_slug=maio-2010-pdf&Itemid=30192. Acesso em: 2 mar. 2020.

BRASIL. Decreto nº 7.084, de 27 de janeiro de 2010. Dispõe sobre os programas de material didático e dá outras providências. Brasília, DF, 2010. Disponível em: http://www.planalto.gov.br/ccivil_03/_ato2007-2010/2010/decreto/d7084.htm. Acesso em: 13 abr. 2020.

BRASIL. MEC / CGPEE /SEESP. Nota Técnica nº 15, de 2 de julho de 2010. Orientações sobre Atendimento Educacional Especializado na Rede Privada. [S. l.], 2 jul. 2010. Disponível em: https://lappeei.fae.ufmg.br/nota-tecnica-no-15-de--02-de-julho-de-2010/. Acesso em: 9 fev. 2024.

BRASIL. MEC. SEESP. Nota Técnica - SEESP/GAB/Nº 11/2010. Orientações para a institucionalização da Oferta do Atendimento Educacional Especializado – AEE em Salas de Recursos Multifuncionais, implantadas nas escolas regulares. Brasília, DF, 7 maio 2010. Disponível em: http://portal.mec.gov.br/index.php?option=-com_docman&view=download&alias=5294-notatecnica-n112010&Itemid=30192. Acesso em: 14 jun. 2020.

BRASIL. Ministério da Educação. **Documento Final da Conferência Nacional de Educação (Conae)**. Brasília: MEC, 2010. Disponível em: https://pne.mec.gov.br/images/pdf/CONAE2010_doc_final.pdf. Acesso em: 24 fev. 2024.

BRASIL. MEC/SEESP/DPEE. Parecer Técnico nº 136, de 15 de setembro de 2010. Parecer sobre os Projetos de Lei 3.638/2000 e 7.699/2006, que instituem o Estatuto da Pessoa com Deficiência. Brasília, DF, 2010. Disponível em: http://portal.mec.gov.br/index.php?option=com_docman&view=download&alias=17237-secadi--documento-subsidiario-2015&Itemid=30192. Acesso em: 16 mar. 2020.

BRASIL. MEC/SEESP/GAB. Nota Técnica nº 19, de 8 de setembro de 2010. Profissionais de apoio para alunos com deficiência e transtornos globais do desenvolvimento matriculados nas escolas comuns da rede pública de ensino. Brasília, DF, 2010. Disponível em: https://lepedi-ufrrj.com.br/wp-content/uploads/2020/09/Nota-t%C3%A9cnica-n%C2%BA.-19-Profissionais-de-apoio.pdf. Acesso em: 24 fev. 2024.

BRASIL. MEC/SEESP/GAB. Nota Técnica nº 9, de 9 de abril de 2010. Orientações para a Organização de Centros de Atendimento Educacional Especializado. Brasília, DF, 2010. Disponível em: http://portal.mec.gov.br/index.php?option=com_docman&view=download&alias=4683-nota-tecnica-n9-centro-aee&Itemid=30192. Acesso em: 27 fev. 2020.

BRASIL. MEC/SEESP/GAB. Parecer Técnico nº 124, de 16 de agosto de 2010. Substitutivo à Proposta de Emenda à Constituição Federal Nº 347 - A, de 2009, que altera a redação do inciso III, do art. 208, propondo a seguinte redação: III - atendimento educacional especializado às pessoas com deficiência, preferencialmente na rede regular de ensino, em todas as faixas etárias e níveis de ensino, em condições e horários adequados às necessidades dos alunos. Brasília, DF, 2010. Disponível em: http://portal.mec.gov.br/index.php?option=com_docman&view=download&alias=17237-secadi-documento-subsidiario-2015&Itemid=30192. Acesso em: 19 abr. 2020.

BRASIL. MEC/SEESP/GAB. Nota Técnica nº 11, de 7 de maio de 2010. Orientações para a Organização de Centros de Atendimento Educacional Especializado. Brasília, DF, 2010. Disponível em: http://portal.mec.gov.br/index.php?option=com_docman&view=download&alias=5294-notatecnica-n112010&category_slug=maio-2010-pdf&Itemid=30192. Acesso em: 27 fev. 2020.

BRASIL. Parecer Técnico nº 14, de 23 de fevereiro de 2010. A ASPAR encaminhou, pelo Memo nº 50/2010 – ASPAR/GM, o PL nº 6.651, de 2009, da autoria do Deputado Márcio França, que "Altera o artigo 59 da Lei 9.394, de 20 de dezembro de 1996, que estabelece as diretrizes e bases para a educação nacional" para análise e parecer da SEESP. Brasília, DF, 2010. Disponível em: http://portal.mec.gov.br/index.php?option=com_docman&view=download&alias=17237-secadi-documento-subsidiario-2015&Itemid=30192. Acesso em: 24 fev. 2024.

BRASIL. Ministério da Educação. Resolução CNE/CEB nº 4/2010. Diretrizes Curriculares Nacionais Gerais para a Educação Básica. Brasília, DF, 2010. Disponível em: http://portal.mec.gov.br/index.php?option=com_docman&view=download&alias=6704-rceb004-10-1&category_slug=setembro-2010-pdf&Itemid=30192. Acesso em: 14 jul. 2020.

BRASIL. Ministério da Educação. **Salas de recursos multifuncionais e kits de atualização com implantação iniciada**. [*S. l.*], [entre 2005 e 2011]. Disponível em: http://painel.mec.gov.br/painel/detalhamentoIndicador/detalhes/pais/acaid/54. Acesso em: 25 jan. 2021.

BRASIL. MEC/SECADI/GAB. Nota Técnica nº 5, de 19 de maio de 2011. Parecer sobre o Projeto de Lei nº 7.699/2006, que institui o Estatuto do Portador de Deficiência. Brasília, DF, 2011. Disponível em: https://inclusaoja.com.br/2011/06/02/implementacao-da-educacao-bilingue-nota-tecnica-052011-mecsecadigab/. Acesso em: 22 abr. 2020.

BRASIL. MEC/SEESP /DPEE. Nota Técnica nº 6, de 11 de março de 2011. Avaliação de estudante com deficiência intelectual. Brasília, DF, 2011. Disponível em: https://inclusaoja.com.br/2011/06/02/avaliacao-de-estudante-com-deficiencia--intelectual-nota-tecnica-062011-mecseespgab/. Acesso em: 4 set. 2020.

BRASIL. MEC/SEESP /DPEE. Nota Técnica nº 7, de 30 de março de 2011. INES e IBC. Brasília, DF, 2011. Disponível em: http://portal.mec.gov.br/index.php?option=com_docman&view=download&alias=17237-secadi-documento-subsidiario-2015&Itemid=30192. Acesso em: 14 nov. 2020.

BRASIL. MEC/SEESP/GAB. Nota Técnica nº 8, de 20 de abril de 2011. Orientação para promoção de acessibilidade nos exames nacionais. Brasília, DF, 2011. Disponível em: http://portal.mec.gov.br/index.php?option=com_docman&view=-download&alias=17237-secadi-documento-subsidiario-2015&Itemid=30192. Acesso em: 3 maio 2020.

BRASIL. MEC/SEESP /DPEE. Parecer Técnico nº 19, de 3 de março de 2011: Parecer sobre o Projeto de Lei Nº 7.699/2006, que institui o Estatuto do Portador de Deficiência. Brasília, DF, 2011. Disponível em: http://portal.mec.gov.br/index.php?option=com_docman&view=download&alias=17237-secadi-documento--subsidiario-2015&Itemid=30192. Acesso em: 22 abr. 2020.

BRASIL. Decreto nº 7.611, de 17 de novembro de 2011. Dispõe sobre a educação especial, o atendimento educacional especializado e dá outras providências. Brasília, DF, 2011. Disponível em: http://www.planalto.gov.br/ccivil_03/_ato2011-2014/2011/decreto/d7611.htm. Acesso em: 24 out. 2020.

BRASIL. Decreto nº 7.612, de 17 de novembro de 2011. Institui o Plano Nacional dos Direitos da Pessoa com Deficiência - Plano Viver sem Limite. Brasília, DF, 2011. Disponível em: http://www.planalto.gov.br/ccivil_03/_Ato2011-2014/2011/

Decreto/D7612.htm#:~:text=DECRETO%20N%C2%BA%207.612%2C%20DE%20 17,que%20lhe%20confere%20o%20art. Acesso em: 27 fev. 2020.

BRASIL. Decreto nº 7.611, de 17 de novembro de 2011. Dispõe sobre a educação especial, o atendimento educacional especializado e dá outras providências. Brasília, DF, 2011. Disponível em: http://www.planalto.gov.br/ccivil_03/_ato2011-2014/2011/decreto/d7611.htm. Acesso em: 15 set. 2020.

BRASIL. Secretaria de Educação Básica. Diretoria de Apoio à Gestão Educacional. **Pacto nacional pela alfabetização na idade certa**: formação do professor alfabetizador: caderno de apresentação. Brasília: MEC, SEB, 2012. Disponível em: http://www.serdigital.com.br/gerenciador/clientes/ceel/material/110.pdf. Acesso em: 30 jul. 2020.

BRASIL. MEC/SECADI /DPEE. Nota Técnica nº 51, de 18 de julho de 2012. Implementação da Educação Bilíngue. Brasília, DF, 2012. Disponível em: http://portal.mec.gov.br/index.php?option=com_docman&view=download&alias=-17237-secadi-documento-subsidiario-2015&Itemid=30192. Acesso em: 5 jun. 2020.

BRASIL. MEC/SECADI /DPEE. Parecer Técnico nº 261, de 11 de dezembro de 2012. Redação Final das Emendas da Câmara dos Deputados ao Projeto de Lei nº 1.631- A de 2011, do Senado Federal (PLS N° 168/2011 na Casa de origem) da Deputada Rosinha da Adefal. Brasília, DF, 2012. Disponível em: http://portal.mec.gov.br/dmdocuments/pces261_09.pdf. Acesso em: 10 fev. 2021.

BRASIL. Lei nº 12.764, de 27 de dezembro de 2012. Institui a Política Nacional de Proteção dos Direitos da Pessoa com Transtorno do Espectro Autista; e altera o § 3º do art. 98 da Lei nº 8.112, de 11 de dezembro de 1990. Brasília, DF, 2012. Disponível em: http://www.planalto.gov.br/ccivil_03/_ato2011-2014/2012/lei/l12764.htm. Acesso em: 14 abr. 2020.

BRASIL. MEC/SECADI /DPEE. Nota Técnica nº 123, de 24 de setembro de 2013. Resposta ao requerimento nº 3325/2013 de Autoria da Deputada Mara Gabrilli. Referência: Ofício 1º Sec/RI/E/nº 907/13. Brasília, DF, 2013.

BRASIL. MEC/SECADI/DPEE. Nota Técnica nº 055, de 10 de maio de 2013. Orientação à atuação dos Centros de AEE, na perspectiva da educação inclusiva. Brasília, DF, 2013. Disponível em: http://portal.mec.gov.br/index.php?option=com_docman&view=download&alias=17237-secadi-documento-subsidiario-2015&Itemid=30192. Acesso em: 24 fev. 2024.

BRASIL. MEC/SECADI/DPEE. Nota Técnica nº 108, de 21 de agosto de 2013. Redação Meta 4 do PNE. Brasília, DF, 2013. Disponível em: https://inclusaoja. files.wordpress.com/2016/05/a-consolidac3a7c3a3o-da-inclusc3a3o-escolar-no--brasil-2003-a-2016.pdf. Acesso em: 14 set. 2021.

BRASIL. MEC/SECADI/DPEE. Nota Técnica nº 24, de 21 de março de 2013. Orientação aos Sistemas de Ensino para a implementação da Lei nº 12.764/2012. Brasília, DF, 2013. Disponível em: http://portal.mec.gov.br/index.php?option=-com_docman&view=download&alias=13287-nt24-sistem-lei12764-2012&Itemid=30192. Acesso em: 23 ago. 2020.

BRASIL. MEC/SECADI/DPEE. Nota Técnica nº 28, de 21 de março de 2013. Uso do Sistema de FM na Escolarização de Estudantes com Deficiência Auditiva. Brasília, DF, 2013. Disponível em: http://www.mpsp.mp.br/portal/page/portal/cao_civel/aa_ppdeficiencia/aa_ppd_educacaoinclusiva/Nota%20t%C3%A9cncia%2028_sistem_defic_audit.pdf. Acesso em: 12 fev. 2020.

BRASIL. MEC/SECADI/DPEE. Nota Técnica nº 13, de 20 de fevereiro de 2013. Material áudio visual de apoio à formação dos gestores intersetoriais do Programa BPC na Escola. Brasília, DF, 2013. Disponível em: http://portal.mec.gov.br/index. php?option=com_docman&view=download&alias=13283-nt13-quest-bpc-pdf&Itemid=30192. Acesso em: 19 out. 2021.

BRASIL. Decreto nº 8.368, de 2 de dezembro de 2014. Regulamenta a Lei nº 12.764, de 27 de dezembro de 2012, que institui a Política Nacional de Proteção dos Direitos da Pessoa com Transtorno do Espectro Autista. Brasília, 2014. Disponível em: http://www.planalto.gov.br/ccivil_03/_ato2011-2014/2014/Decreto/D8368.htm. Acesso em: 11 fev. 2020.

BRASIL. Lei nº 13.005, de 25 de junho de 2014. Aprova o Plano Nacional de Educação - PNE e dá outras providências. [S. l.], 2014. Disponível em: http://www.planalto.gov.br/ccivil_03/_ato2011-2014/2014/lei/l13005.htm. Acesso em: 11 fev. 2020.

BRASIL. Ministério da Educação. Nota Técnica 4 de janeiro de 2014. Brasília, 2014. Disponível em: http://portal.mec.gov.br/index.php?option=com_docman&-view=download&alias=15898-nott04-secadi-dpee-23012014&category_slug=julho-2014-pdf&Itemid=30192. Acesso em: 17 fev. 2020.

BRASIL. Secretaria de Educação Básica. Diretoria de Apoio à Gestão Educacional. **Pacto Nacional pela Alfabetização na Idade Certa**: Construção do Sistema de

Numeração Decimal – Caderno 3 / Ministério da Educação, Secretaria de Educação Básica, Diretoria de Apoio à Gestão Educacional. Brasília: MEC, SEB, 2014. Disponível em: https://wp.ufpel.edu.br/obeducpacto/files/2019/08/Unidade-3-4.pdf. Acesso em: 15 jul. 2020.

BRASIL. Secretaria de Educação Básica. Diretoria de Apoio à Gestão Educacional. **Pacto Nacional pela Alfabetização na Idade Certa**: Saberes Matemáticos e Outros Campos do Saber. Brasília: Ministério da Educação, Secretaria de Educação Básica, Diretoria de Apoio à Gestão Educacional, 2014. Disponível em: https://wp.ufpel.edu.br/obeducpacto/files/2019/08/Unidade-8-4.pdf. Acesso em: 5 nov. 2021.

BRASIL. MEC/SECADI/DPEE. Nota Técnica nº 20, de 18 de março de 2015. Orientações aos sistemas de ensino visando ao cumprimento do artigo 7° da Lei n° 12.764/2012 regulamentada pelo Decreto n° 8.368/2014. Brasília, DF, 2015. Disponível em: http://portal.mec.gov.br/index.php?option=com_docman&view=download&alias=17213-nota-tecnica-20-orientacao-aplicacao-multa-20mar&Itemid=30192. Acesso em: 15 abr. 2020.

BRASIL. MEC/SECADI/DPEE. Nota Técnica nº 42, de 16 de junho de 2015. Orientação aos Sistemas de Ensino quanto à destinação dos materiais e equipamentos disponibilizados por meio do Programa Implantação de Salas de Recursos Multifuncionais. Brasília, DF, 2015. Disponível em: http://portal.mec.gov.br/index.php?option=com_docman&view=download&alias=17656-secadi-nt42-orientacoes-aos-sistemas-de-ensino-sobre-destinacao-dos-itens-srm&Itemid=30192. Acesso em: 2 abr. 2021.

BRASIL. MEC/SECADI/DPEE. Nota Técnica nº 50015, de 10 de dezembro de 2015. Orientações para definição do formato do livro digital acessível no âmbito do Edital do PNLD/2018. Brasília, DF, 2015. Disponível em: https://inclusaoja.files.wordpress.com/2016/05/a-consolidac3a7c3a3o-da-inclusc3a3o-escolar-no-brasil-2003-a-2016.pdf. Acesso em: 17 maio 2021.

BRASIL. MEC/SECADI/DPEE. Nota Técnica nº 94, de 30 de outubro de 2015. Orientações para o acesso das pessoas com deficiência às escolas privadas. Brasília, DF, 2015. Disponível em: http://www.unirio.br/caeg/processos-seletivos/processos-encerrados/2016/residencia-medica-hugg-2016/nota-tecnica-no-94-2015-cgrs-ddes-sesu-mec/view. Acesso em: 11 ago. 2020.

BRASIL. Lei nº 13.146, de 06 de julho de 2015. Institui a Lei Brasileira de Inclusão da Pessoa com Deficiência (Estatuto da Pessoa com Deficiência). Brasília, DF, 2015.

Disponível em: http://www.planalto.gov.br/ccivil_03/_ato2015-2018/2015/lei/l13146.htm. Acesso em: 14 maio 2020.

BRASIL. **Consolidação da inclusão escolar no Brasil:** 2003 a 2016. Brasília: MEC/SECADI. 2016. Disponível em: https://inclusaoja.files.wordpress.com/2016/05/a--consolidac3a7c3a3o-da-inclusc3a3o-escolar-no-brasil-2003-a-2016.pdf. Acesso em: 5 jun. 2020.

BRASIL. Nota Técnica nº 36, de 22 de abril de 2016. Orientações para a organização e oferta do Atendimento Educacional Especializado na Educação de Jovens, Adultos e Idosos. Brasília, DF, 2016. Disponível em: https://inclusaoja.files.wordpress.com/2016/05/a-consolidac3a7c3a3o-da-inclusc3a3o-escolar--no-brasil-2003-a-2016.pdf. Acesso em: 1 maio 2020.

BRASIL. Ministério da Educação. **Base Nacional Comum Curricular.** Brasília, 2017.

BRASIL. Decreto nº 9.665, de 2 de janeiro de 2019. Aprova a Estrutura Regimental e o Quadro Demonstrativo dos Cargos em Comissão e das Funções de Confiança do Ministério da Educação, remaneja cargos em comissão e funções de confiança e transforma cargos em comissão do Grupo-Direção e Assessoramento Superiores - DAS e Funções Comissionadas do Poder Executivo - FCPE. Brasília, 2019. Disponível em: http://www.planalto.gov.br/ccivil_03/_Ato2019-2022/2019/Decreto/D9665.htm. Acesso em: 30 abr. 2020.

BRASIL. Ministério da Educação. Instituto Nacional de Estudos e Pesquisas Educacionais Anísio Teixeira. **Glossário da Educação Especial 2019.** Brasília, DF: MEC/Inep, 2019. Disponível em: http://download.inep.gov.br/educacao_basica/educacenso/situacao_aluno/documentos/2019/glossario_da_educacao_especial_censo_escolar_2019.pdf. Acesso em: 14 fev. 2020.

BRASIL. Ministério da Educação. Secretaria de Modalidades Especializadas de Educação. PNEE: Política Nacional de Educação Especial: Equitativa, Inclusiva e com Aprendizado ao Longo da Vida. Brasília: MEC; SEMESP, 2020a. Disponível em: https://www12.senado.leg.br/noticias/arquivos/2020/11/12/politica-nacional-de-educacao-especial-2020/@@download/file. Acesso em: 24 fev. 2024.

BRASIL. **Relatório Nacional de Alfabetização Baseada em Evidências.** Brasília: MEC/SEALF, 2020d. Disponível em: https://www.gov.br/mec/pt-br/media/acesso_informacacao/pdf/RENABE_web.pdf. Acesso em: 2 maio 2020.

BRASIL. Conselho Nacional de Educação. Parecer nº 15 de 20 de março de 2020. Diretrizes Nacionais para a implementação dos dispositivos da Lei nº 14.040, de 18 de agosto de 2020, que estabelece normas educacionais excepcionais a serem adotadas durante o estado de calamidade pública reconhecido pelo Decreto Legislativo nº 6, de 20 de março de 2020. [S. l.], 6 out. 2020. Disponível em: http://portal.mec.gov.br/index.php?option=com_docman&view=download&alias=-160391-pcp015-20&category_slug=outubro-2020-pdf&Itemid=30192. Acesso em: 12 jun. 2021.

BRASIL. Conselho Nacional de Educação/Conselho Pleno. Parecer nº 7, de 28 de abril de 2020. Reorganização do Calendário Escolar e da possibilidade de cômputo de atividades não presenciais para fins de cumprimento da carga horária mínima anual, em razão da Pandemia da COVID-19. [S. l.], 1 jun. 2020. Disponível em: https://normativasconselhos.mec.gov.br/normativa/pdf/CNE_PAR_CNE-CPN52020.pdf. Acesso em: 18 mar. 2021.

BRASIL. Decreto nº 10.502, de 30 de setembro de 2020. Institui a Política Nacional de Educação Especial: Equitativa, Inclusiva e com Aprendizado ao Longo da Vida. Brasília, DF, 2020b. Disponível em: https://www.in.gov.br/en/web/dou/-/decreto-n-10.502-de-30-de-setembro-de-2020-280529948. Acesso em: 16 nov. 2020.

BRASIL. Lei nº 13.979, de 6 de fevereiro de 2020. Dispõe sobre as medidas para enfrentamento da emergência de saúde pública de importância internacional decorrente do coronavírus responsável pelo surto de 2019. Brasília, DF, 2020. Disponível em: http://www.planalto.gov.br/ccivil_03/_ato2019-2022/2020/lei/l13979.htm. Acesso em: 18 abr. 2021.

BRASIL. Ministério da Mulher, da Família e dos Direitos Humanos. **Avaliação Biopsicossocial da Deficiência**. [S. l.], 20 abr. 2021. Disponível em: https://www.gov.br/mdh/pt-br/navegue-por-temas/pessoa-com-deficiencia/publicacoes/relatorio-final-gti-avaliacao-biopsicossocial Acesso em: 24 fev. 2024.

BRASIL. Ministério da Educação. **Programa Implantação de Salas de Recursos Multifuncionais**. [S. l.], 2021. Disponível em: http://portal.mec.gov.br/component/tags/tag/35312. Acesso em: 31 jan. 2021.

BRAUN, Patrícia; VIANNA, Márcia Marin. Atendimento educacional especializado, sala de recursos multifuncional e plano individualizado: desdobramentos de um fazer pedagógico. *In*: PLETSCH, Márcia Denise; DAMASCENO, Allan (org.). **Educação especial e inclusão escolar**: reflexões sobre o fazer pedagógico. Seropédica: Ed. da UFRRJ, 2010. p. 23-34.

BRYANT, Peter Edward. **Children's mathematical development**: The learning of number concepts. 3. ed. New York: Psychology Press, 2016.

CARAÇA, Bento de Jesus. **Conceitos fundamentais da Matemática**. Lisboa: Gradiva, 1951.

CARAMORI, Patricia Moralis; MENDES, Enicéia Gonçalves; PICHARILLO, Alessandra Daniele Messali. A formação inicial de professores de sala de recursos multifuncionais a partir do olhar dos professores atuantes. **Rev. Educ. PUC-Camp.**, Campinas, v. 23, n. 1, p. 124-141, jan./abr. 2018. Disponível em: https://periodicos.puc-campinas.edu.br/reveducacao/article/view/3770. Acesso em: 24 fev. 2024.

CASTRO, Heloisa Vitória de. Educação especial e inclusão de pessoas com deficiência na escola: um olhar histórico-social. XVIII SIMPÓSIO DE ESTUDOS E PESQUISAS DA FACULDADE DE EDUCAÇÃO. 2009, Goiânia. **Anais** [...]. Goiânia, 2009. Disponível em: https://files.cercomp.ufg.br/weby/up/248/o/1.4.__27_.pdf. Acesso em: 6 jun. 2020.

COMISSÃO ESPECIAL DE EDUCAÇÃO ESPECIAL/CEED. Parecer Estadual nº 441, de 10 de abril de 2002. Parâmetros para a oferta da Educação Especial no Sistema Estadual de Ensino. Rio Grande do Sul, 2002. Disponível em: https://www.ceed.rs.gov.br/parecer-n-0441-2002. Acesso em: 24 fev. 2024.

CONGRESSO NACIONAL. Decreto Legislativo nº 186, de 9 de julho de 2008. Aprova o texto da Convenção sobre os Direitos das Pessoas com Deficiência e de seu Protocolo Facultativo, assinados em Nova Iorque, em 30 de março de 2007. [S. l.], 9 jul. 2008. Disponível em: http://www.planalto.gov.br/ccivil_03/CONGRESSO/DLG/DLG-186-2008.htm. Acesso em: 19 abr. 2020.

CONSELHO FEDERAL DE PSICOLOGIA. **Instrumentos Não Privativos**. [S. l.], 2021. Disponível em: http://satepsi.cfp.org.br/testesNaoPrivativos.cfm. Acesso em: 2 jun. 2020.

CORSO, Luciana Vellinho. Memória de trabalho, senso numérico e desempenho em aritmética. **Revista Psicologia Teoria e Prática**, São Paulo, v. 20, n. 1, p. 141-154, jan./abr. 2018. Disponível em: http://dx.doi.org/10.5935/1980-6906/psicologia.v20n1p155-167. Acesso em: 18 set. 2020.

CORSO, Luciana Vellinho; ASSIS, Évelin Fulginiti de. Reflexões acerca da aprendizagem inicial da matemática: contribuições de aspectos externos ao aluno. *In*: PICCOLI, Luciana; CORSO, Luciana Vellinho; ANDRADE, Sandra dos Santos; SPERRHAKE, Renata (org.). **Pacto Nacional pela Alfabetização na Idade Certa**

PNAIC UFRGS: Práticas de alfabetização, aprendizagem da matemática e políticas públicas. 2. ed. São Leopoldo: Oikos, 2018. p. 1-233. Disponível em: https://lume.ufrgs.br/handle/10183/186137. Acesso em: 24 fev. 2024.

CORSO, Luciana Vellinho; DORNELES, Beatriz Vargas. Senso Numérico e dificuldades na aprendizagem da matemática. **Rev. Psicopedagogia**, [s. l.], v. 27, n. 83, p. 298-309, 2010. Disponível em: http://pepsic.bvsalud.org/pdf/psicoped/v27n83/15.pdf. Acesso em: 12 ago. 2019.

CORSO, Luciana Vellinho; MEGGIATO, Amanda Oliveira. Quem são os alunos encaminhados para acompanhamento de dificuldades de aprendizagem? **Revista da Associação Brasileira de Psicopedagogia**, [S. l.], v. 36, n. 109, p. 57-72, 2019. Disponível em: https://cdn.publisher.gn1.link/revistapsicopedagogia.com.br/pdf/v36n109a07.pdf. Acesso em: 30 maio 2021.

COSTA, Ailton Barcelos da; PICHARILLO, Alessandra Daniele Messali; ELIAS, Nassim Chamel. Habilidades Matemáticas em Pessoas com Deficiência Intelectual: um Olhar Sobre os Estudos Experimentais. **Rev. Bras. Ed. Esp Educação Especial da Universidade Federal de São Carlos**, São Carlos, v. 22, n. 1, p. 145-160, 13 nov. 2019. Disponível em: http://www.scielo.br/pdf/rbee/v22n1/1413-6538-rbee-22-01-0145.pdf. Acesso em: 13 nov. 2019.

DANYLUK, Ocsana Sônia. **Alfabetização matemática**: as primeiras manifestações da escrita infantil. 5. ed. Passo Fundo: Ed. Universidade de Passo Fundo, 2002.

FAYOL, Michel. **A Criança e o Número**: Da contagem à resolução de problemas. Tradução de Rosana Severino de Leoni. Porto Alegre: Artes Médicas, 1996.

FERRANDINI, Liliene Maria; SILVEIRA, Tiago Mario. Desenvolvendo a matemática. *In*: RUSSO, Rita Margarida Toler (org.). **Neuropsicopedagogia Institucional**. Curitiba: Juruá Editora, 2018. p. 187-197.

FLAVELL, John Hurley. [1965]. **A psicologia do desenvolvimento de Jean Piaget**. Tradução de MHS Patto. 4. ed. São Paulo: Editora Pioneira, 1992.

FURTH, Hans Gerhard. **Piaget em sala de aula**. Tradução de Donald Garschagen. 4. ed. Rio de Janeiro: Forense 1982. 231 p.

GARGHETTI, Francine Cristine; MEDEIROS, José Gonçalves; NUERNBERG, Adriano Henrique. Breve história da deficiência intelectual. **Revista Eletrónica de Investigación y Docencia (REID)**, [s. l.], v. 10, p. 101-116, 2013. Disponível em: https://nedef.paginas.ufsc.br/files/2017/10/Breve-hist%C3%B3ria-da-defici%C3%AAncia-intelectual.-1.pdf. Acesso em: 23 fev. 2020.

GEARY, David Cyril. Mathematics and learning disabilities. **Journal of Learning Disabilities**, [s. l.], v. 37, n. 1, p. 4-15, 2004. Disponível em: https://pubmed.ncbi.nlm.nih.gov/15493463/. Acesso em: 13 mar. 2021.

GEARY, David. Cyril. Development of mathematical understanding. *In*: ORVASCHEL, Helen; FAUST, Jan; HERSEN, Michel. **Cognition, perception and language - Handbook of child psychology**. New York: John Wiley & Sons, 2007. v. 2. p. 777-810. Disponível em: https://www.researchgate.net/publication/228051073_Development_of_Mathematical_Understanding. Acesso em: 16 maio 2020.

GEARY, David Cyril. An evolutionary perspective on learning disabilities in Mathematics. **Developmental Neuropsychology**, [s. l.], v. 32, n. 1, p. 471-519, 2007. Disponível em: https://pubmed.ncbi.nlm.nih.gov/17650991/. Acesso em: 18 maio 2020.

GEARY, David. Cyril; HAMSON, Carmem Olivia; HOARD, Mary Kay. Numerical and arithmetical cognition: A longitudinal study of process and concept deficits in children with learning disability. **Journal of Experimental Child Psychology**, [s. l.], v. 77, n. 3, p. 236-263, 2000. Disponível em: https://www.sciencedirect.com/science/article/abs/pii/S002209650092561X?via%3Dihub.pdf. Acesso em: 24 fev. 2024.

GELMAN, Rochel-Weisberg; GALLISTEL, Charles. Ransom. **The child's understanding of number**: The developmental psychology of numbers. 3. ed. New York: Wiley, 2004.

GERSTEN, Russell; JORDAN, Nancy Carol; FLOJO, Jonathan Rafael. Early identification and interventions for students with mathematics difficulties. **Journal of learning disabilities**, [s. l.], v. 38, n. 4, p. 293-304, 2005. Disponível em: https://doi.org/10.1177/00222194050380040301. Acesso em: 19 maio 2021.

GLAT, Rosana; KADLEC, Verena Pamela Seidl. **A criança e suas deficiências**: métodos e técnicas de atuação psicopedagógicas. 2. ed. Rio de Janeiro: Agir, 1989.

GLAT, Rosana; VIANNA, Márcia Marin; REDIG, Annie Gomes. Plano educacional individualizado: uma estratégia a ser construída no processo de formação docente. **Ci. Huma. E Soc. Em Rev.**, Rio de Janeiro, v. 34, n. 12, p. 79-100, 2012. Disponível em: http://doi.editoracubo.com.br/10.4322/chsr.2014.005. Acesso em: 20 jun. 2020.

HEREDERO, Eladio Sebastian. A escola inclusiva e estratégias para fazer frente a ela: as adaptações curriculares. **Acta Scientiarum Education**, Maringá, v. 32, n. 2, p. 193-208, 2010. Disponível em: https://repositorio.unesp.br/handle/11449/125135. Acesso em: 14 fev. 2020.

INEP. Sistema de Avaliação da Educação Básica. **Avaliação nacional da alfabetização edição 2016**. Brasília, DF, 2017. Disponível em: http://portal.mec.gov.br/docman/outubro-2017-pdf/75181-resultados-ana-2016-pdf/file. Acesso em: 12 ago. 2019.

INEP. **Resumo Técnico**: Censo da Educação Básica 2019. Brasília: Instituto Nacional de Estudos e Pesquisas Educacionais Anísio Teixeira, 2020. Disponível em: http://portal.inep.gov.br/documents/186968/0/Notas+Estat%C3%ADsticas+-+Censo+da+Educa%C3%A7%C3%A3o+B%C3%A1sica+2019/43bf4c5b-b-478-4c5d-ae17-7d55ced4c37d?version=1.0. Acesso em: 24 out. 2021.

INEP. Instituto Nacional de Estudos e Pesquisas Educacionais Anísio Teixeira. **Saeb**: Sistema de Avaliação da Educação Básica. 2023. Disponível em: https://www.gov.br/inep/pt-br/areas-de-atuacao/avaliacao-e-exames-educacionais/saeb/resultados. Acesso em: 20 out. 2023.

JANNUZZI, Gilberta de Martino. **A educação do deficiente no Brasil**: dos primórdios ao início do século XXI. Coleção educação contemporânea. Campinas: Autores Associados, 2004.

JELINEK, Karin Ritter. A produção do sujeito de altas habilidades: os jogos de poder-linguagem nas práticas de seleção e enriquecimento educativo. 2013. Tese (Doutorado em Educação) – Programa de Pós-Graduação em Educação, Universidade Federal do Rio Grande do Sul, Porto Alegre, 2013b. Disponível em: https://lume.ufrgs.br/bitstream/handle/10183/70606/000877789.pdf?sequence=1&isAllowed=y. Acesso em: 12 mar. 2021.

JORDAN, Nancy Carol; GLUTTING, Joseph; RAMINENI, Chaitanya. The Importance of Number Sense to Mathematics Achievement in First and Third Grades. **Learn Individ. Differ.**, [s. l.], v. 20, n. 2, p. 82-88, 2010. Disponível em: https://www.ncbi.nlm.nih.gov/pmc/articles/PMC2855153/. Acesso em: 27 set. 2021.

JORDAN, Nancy Carol; GLUTTING, Joseph; RAMINENI, Chaitanya. A Number Sense Assessment Tool for Identifying Children at Risk for Mathematical Difficulties. *In*: DOWKER, Ann. **Mathematical Difficulties**. Ames: Academic Press, 2008. p. 45-58.

KAMII, Constance. **A criança e o número**: implicações educacionais da teoria de Piaget para a atuação junto a escolares de 4 a 6 anos. Trad. Regina A. de Assis. Campinas: Papirus, 1992.

KAMII Constance; HOUSMAN, Leslie Baker. **Crianças pequenas reinventam a Aritmética**: implicações da teoria de Piaget. Porto Alegre: Artmed Editora, 2002.

KAMII, Constance. LIVINGSTON, Sally Lampert. **Desvendando a aritmética**: implicações da teoria de Piaget. Tradução de Marta Rabioglio e Camilo Ghorayeb. Campinas: Papirus, 1995.

KAMII, Constance; DEVRIES, Rheta. **O conhecimento físico na educação pré-escolar**: implicações da teoria de Piaget. Porto Alegre: Artes Médicas, 1991.

KAMII, Constance; DECLARK, Georgia. **Reinventando a aritmética**: Implicações da Teoria de Piaget. 7. ed. São Paulo: Papirus, 1993.

LAZZARIN, Marcia Lise Lunardi; HERMES, Simone Timm. Que políticas? Que práticas curriculares? Que sujeitos? O atendimento educacional especializado em questão. *In*: **Currículo e inclusão na escola de ensino fundamental**. TRAVERSINI, Clarice Salete; DALLA ZEN, Maria Isabel Habckost; FABRIS, Elí Terezinha Henn; DAL'LGNA, Maria Claudia. (org.). Porto Alegre: EDIPUCRS, 2013. p. 179-195. Disponível em: https://www.lume.ufrgs.br/bitstream/handle/10183/230564/000908017.pdf?sequence=1&isAllowed=y. Acesso em: 5 maio 2020.

LEAL, Daniela; NOGUEIRA, Makeliny Oliveira Gomes. **Dificuldades de aprendizagem**: um olhar psicopedagógico. Curitiba: InterSaberes, 2012.

LEITE, Ségio Antonio da Silva. **IAR Instrumento de Avaliação do Repertório Básico para a Alfabetização**. São Paulo: Edicon, 2015.

LIMA, Carlos Augusto Rodrigues; MANRIQUE, Ana Lúcia. Processo de formação de professores que ensinam matemática: práticas inclusivas. **Nuances: estudos sobre Educação**, Presidente Prudente, v. 28, n. 3, p. 262-286, set./dez. 2017. Disponível em: https://revista.fct.unesp.br/index.php/Nuances/article/view/3435/4356. Acesso em: 21 out. 2021.

LINHARES, Felipe Lisboa. Atendimento Educacional Especializado: uma análise sobre a construção identitária de professores que atuam na sala de recursos multifuncionais. 2016. Dissertação (Mestrado em Educação) – Universidade do Estado do Pará, Belém, Pará, 2016. Disponível em: https://ccse.uepa.br/ppged/wp-content/uploads/dissertacoes/10/felipe_lisboa_linhares.pdf. Acesso em: 2 mar. 2021.

LOPES, Sergio Roberto; VIANA, Ricardo Luiz; LOPES, Shiderlene Vieira de Almeida. **A construção de conceitos matemáticos e a prática docente**. Curitiba: InterSaberes, 2005.

LORENZATO, Sergio. **Educação Infantil e Percepção Matemática**. 3. ed. Campinas: Editora Autores Associados, 2010.

LORENZATO, Sergio. **Para aprender matemática**. 3. ed. Campinas: Editora Autores Associados, 2018.

MACEDO, Patrícia Cardoso; CARVALHO, Letícia Teixeira; PLETSCH, Márcia Denise. Atendimento educacional especializado: uma breve análise das atuais políticas de inclusão. *In*: PLETSCH, Márcia Denise; DAMASCENO, Allan (org.). **Educação especial e inclusão escolar**: reflexões sobre o fazer pedagógico. Seropédica: Ed. da UFRRJ, 2010. p. 23-34. Disponível em: https://eduinclusivapesq-uerj.pro.br/wp-content/uploads/2020/04/MacedoCarvalhoPletsch_AEE_2011.pdf. Acesso em: 24 fev. 2024.

MACHADO, Michela Lemos Silveira; URDANGARIN BORBA, Valéria; OLIVEIRA, Nara Rosane Machado de; BRIZOLLA, Francéli; MARTINS, Claudete da Silva Lima. Produção De Recursos Pedagógicos Acessíveis Na Perspectiva Da Educação Inclusiva. **Anais do Salão Internacional de Ensino, Pesquisa e Extensão**, v. 9, n. 1, 14 fev. 2020. Disponível em: https://guri.unipampa.edu.br/uploads/evt/arq_trabalhos/14844/seer_14844.pdf. Acesso em: 15 maio 2020.

MACIEL, Álvaro dos Santos. Um Estudo Sobre A Evolução Das Terminologias Da Expressão "Pessoas Com Deficiência": A Proposição De Uma Nova Nomenclatura Como Concretização Da Dignidade Humana Contemporânea. **Revista de Sociologia, Antropologia e Cultura Jurídica**, [s. l.], v. 6, n. 1, p. 56-78, jan./jun. 2020. Disponível em: https://indexlaw.org/index.php/culturajuridica/article/view/6600/pdf. Acesso em: 17 abr. 2021.

MAGALHÃES, Joyce Goulart; CUNHA, Nathália Moreira da; SILVA, Suzanli Estef da. Plano Educacional Individualizado (PEI) como instrumento na aprendizagem mediada: pensando sobre práticas pedagógicas. *In*: GLAT, Rosana; PLETSCH, Márcia Denise. **Estratégias educacionais diferenciadas para alunos com necessidades especiais**. Rio de Janeiro: EdUERJ, 2013.

MANTOAN, Maria Teresa Egler. **Inclusão escolar**: o que é? Porquê? Como fazer? São Paulo: Moderna, 2003.

MARTINS, Lúcia de Araújo Ramos. Reflexões sobre a formação de professores com vistas à educação inclusiva. *In*: MIRANDA, Theresinha Guimarães; FILHO, Teófilo Alves Galvão. **O professor e a educação inclusiva**: formação, práticas e lugares. Salvador: EDUFBA, 2012. 491 p.

MELO, Hilce Aguiar. A sala de recursos no apoio à inclusão de alunos com deficiência intelectual: experiências de uma escola pública do Maranhão/Brasil. *In*: PLETSCH, Márcia Denise; DAMASCENO, Allan (org.). **Educação especial e inclusão escolar**: reflexões sobre o fazer pedagógico. Seropédica: Ed. da UFRRJ, 2010. p. 23-34.

MENDES, Enicéia Gonçalves. Breve histórico da educação especial no Brasil. **Revista Educación y Pedagogía**, Medellín, Universidad de Antioquia, Facultad de Educación, v. 22, n. 57, p. 93, 109, maio/ago. 2010. Disponível em: https://revistas.udea.edu.co/index.php/revistaeyp/article/view/9842. Acesso em: 29 set. 2020.

MENDES, Enicéia Gonçalves; TANNÚS-VALADÃO, Gabriela; MILANESI, Josiane Beltrame. Atendimento educacional especializado para estudante com deficiência intelectual: os diferentes discursos dos professores especializados sobre o que e como ensinar. **Revista Linhas**, Florianópolis, v. 17, n. 35, p. 45-67, set./dez. 2016. Disponível em: http://dx.doi.org/10.5965/1984723817352016045. Acesso em: 23 ago. 2020.

MENDES, Geovana Mendonça Lunardi; PLETSCH, Márcia Denise; HOSTINS, Regina Célia Linhares (org.). **Educação Especial e/na educação básica**: entre especificidades e indissociabilidades. 1. ed. Araraquara: Junqueira & Marin, 2019. *E-book*. Disponível em: http://www.anped.org.br/news/e-book-educacao-especial-ena-educacao-basica. Acesso em: 28 abr. 2020.

MINISTÉRIO PÚBLICO DO TRABALHO. **Convenção sobre os Direitos das Pessoas com Deficiência**: Protocolo Facultativo à Convenção sobre os Direitos das Pessoas com Deficiência. Vitória: Projeto PCD Legal, 2014. Disponível em: http://www.pcdlegal.com.br/convencaoonu/wp-content/themes/convencaoonu/downloads/ONU_Cartilha.pdf. Acesso em: 1 jun. 2020.

MINISTÉRIO PÚBLICO FEDERAL. **O acesso de alunos com deficiência às escolas e classes comuns da rede regular**. 2. ed. rev. e atualiz. Brasília: Procuradoria Federal dos Direitos do Cidadão, 2004. Disponível em: https://media.campanha.

org.br/semanadeacaomundial/2008/materiais/SAM_2008_cartilha_acesso_alunos_com_deficiencia.pdf. Acesso em: 13 fev. 2020.

MONTOYA, Adrián Oscar Dongo; MORAIS-SHIMIZU, Alessandra de; MARÇAL, Vicente Eduardo Ribeiro; MOURA, Josana Ferreira Bassi. **Jean Piaget no século XXI**: escritos de epistemologia e psicologia genéticas. São Paulo: Cultura Acadêmica; Marília: Oficina Universitária, 2011.

MOOJEN, Sônia. Relato de experiência: Diagnósticos em psicopedagogia. **Revista de Psicopedagogia**, [s. l.], v. 21, n. 66, p. 245-255, 2004. Disponível em: https://cdn.publisher.gn1.link/revistapsicopedagogia.com.br/pdf/v21n66a07.pdf. Acesso em: 3 fev. 2021.

NOGUEIRA, Clélia Maria Ignatius. **Classificação, seriação e contagem no ensino do número**: um estudo de epistemologia genética. Marília: Oficina Universitária Unesp, 2007. 243 p.

NOGUES, Camila Peres. **Precursores do desempenho aritmético em crianças de 3º e 4º anos**: da identificação à intervenção. 2021. Tese (Doutorado em Educação) – Universidade Federal do Rio Grande do Sul, Porto Alegre, 2021. Disponível em: https://www.lume.ufrgs.br/handle/10183/221056. Acesso em: 10 out. 2021.

NUNES, Terezinha; BRYANT, Peter Edward. **Crianças fazendo Matemática**. Porto Alegre: Artmed, 1997.

OHLWEILER, Lygia. Introdução aos transtornos da aprendizagem. *In*: ROTTA, Newra Tellechea; OHLWEILER, Lygia; RIESGO, Rudimar dos Santos (org.). **Transtornos da aprendizagem**: abordagem neurobiológica e Multidisciplinar. 2. ed. Porto Alegre: Artmed, 2016.

OLIVEIRA, Anna Augusta Sampaio de. Aprendizagem escolar e deficiência intelectual: a questão da avaliação curricular. *In*: PLETSCH, Márcia Denise; DAMASCENO, Allan (org.). **Educação especial e inclusão escolar**: reflexões sobre o fazer pedagógico. Seropédica: Ed. da UFRRJ, 2010. p. 23-34.

OLIVEIRA, Marileide Antunes; LEITE, Lúcia Pereira. Educação inclusiva: análise e Intervenção em uma sala de recursos. **Paidéia**, [s. l.], v. 21, n. 49, p. 197-205, 2011. Disponível em: https://www.scielo.br/j/paideia/a/ZYcKYkrqkCNND3XydMSfBrC/?lang=pt&format=pdf. Acesso em: 12 out. 2020.

ORGANIZAÇÃO MUNDIAL DA SAÚDE. **Classificação Estatística Internacional de Doenças e Problemas Relacionados à Saúde**: CID-10 – Décima revisão.

Tradução de Centro Colaborador da OMS para a Classificação de Doenças em Português. 3. ed. São Paulo: Edusp, 1996.

ORGANIZAÇÃO MUNDIAL DA SAÚDE. **CIF**: Classificação Internacional de Funcionalidade, Incapacidade e Saúde. Tradução de Centro Colaborador da Organização Mundial da Saúde para a Família de Classificações Internacionais. São Paulo: Edusp, 2003. Disponível em: https://manualdoperitomedico.com.br/cif/. Acesso em: 24 fev. 2024.

ORGANIZAÇÃO MUNDIAL DA SAÚDE. **Classificação Internacional de Doenças e Problemas Relacionados à Saúde (CID-11)**. 11. rev. Genebra: OMS; 2022. Disponível em: https://icd.who.int/browse11/l-m/en. Acesso em: 13 nov. 2023.

PASIAN, Mara Silvia; MENDES, Enicéia Gonçalves; CIA, Fabiana. Aspectos da organização e funcionamento do atendimento educacional especializado: um estudo em larga escala. **Educação em Revista**, Belo Horizonte, n. 33, 2017. Disponível em: https://www.scielo.br/j/edur/a/S3bw9vdchLpkJ8yTN6V5HcB/?lang=pt. Acesso em: 3 abr. 2020.

PEREIRA, Marilú Mourão. Inteligências múltiplas: uma perspectiva para a Educação Inclusiva de alunos com deficiência. *In*: PAVÃO, Sílvia Maria de Oliveira; PAVÃO, Ana Cláudia Oliveira (org.). **Avaliação**: reflexões sobre o processo avaliativo no AEE. Santa Maria: Facos-UFSM, 2019. v. 2. p. 75-98. Disponível em: https://www.ufsm.br/app/uploads/sites/391/2019/12/Livro-Avalia%C3%A7%C3%A3o-Vers%C3%A3o-digital.pdf. Acesso em: 25 jul. 2020.

PIAGET, Jean. **A formação do símbolo na criança**: Imitação, jogo e Sonho Imagem e Representação. Tradução de Álvaro Cabral e Christiano Monteiro. 3. ed. Suíça: Editions Delachaux et Niestlé, 1964. Disponível em: http://dinterrondonia2010.pbworks.com/f/A+forma%C3%A7%C3%A3o+do+s%C3%ADmbolo+na+crian%C3%A7a.pdf. Acesso em: 16 abr. 2020.

PIAGET, Jean. **O raciocínio na criança**. Tradução de Valery Chaves. Rio de Janeiro: Editora Record, 1967.

PIAGET, Jean. **Psicologia e pedagogia**. Tradução de Dirceu Lindoso. Rio de Janeiro: Editora Forense Universitária, 1972.

PIAGET, Jean. **O nascimento da inteligência na criança**. São Paulo: Martins Fontes, 1978.

PIAGET, Jean. **O juízo moral na criança**. Tradução de Elzon Le nardon. São Paulo: Summus, 1994.

PIAGET, Jean. **Seis estudos de psicologia**. Tradução de Maria Alice Magalhães D'Amorim e Paulo Sérgio Lima Silva. 24. ed. Rio de Janeiro: Forense Universitária, 1999.

PIAGET, Jean. **A psicologia da inteligência**. Tradução de Guilherme João de Freitas Teixeira. Petrópolis: Vozes, 2013.

PIAGET, Jean; INHELDER, Bärbel. **A Psicologia da Criança**. 2. ed. Tradução de Octavio Cajado. Rio de Janeiro: Difel, 1973.

PIAGET, Jean; INHELDER, Barbel. **Gênese das estruturas lógicas elementares**. Tradução de Álvaro Cabral. 2. ed. Rio de Janeiro: Zahar, 1975.

PIAGET, Jean; SZEMINSKA, Alina. **A Gênese do Número na Criança**. 2. ed. Tradução de Christiano Monteiro Oiticica. Rio de Janeiro: Zahar, 1975.

PICCOLI, Luciana. Diferenciação pedagógica e os direitos de aprendizagem. *In*: PICCOLI, Luciana; SPERRHAKE, Renata; CORSO, Luciana Vellinho; ANDRADE, Sandra dos Santos (org.). **Pacto Nacional pela Alfabetização na idade Certa**: práticas de alfabetização, aprendizagem da matemática e políticas públicas. São Leopoldo: Oikos, 2017. p. 19-42.

PIRES, C. M. P. Descobertas de professoras sobre o universo numérico das crianças: a construção de saberes por meio de pesquisas realizadas com seus alunos. *In*: ENCONTRO NACIONAL DE DIDÁTICA E PRÁTICA DE ENSINO (ENDIPE), 2008, Porto Alegre. **Anais** [...]. Porto Alegre, 2008.

PLETSCH, Marlene Diniz; OLIVEIRA, Maria Clara Passos de. A escolarização de pessoas com deficiência intelectual na contemporaneidade: análise das práticas pedagógicas e dos processos de ensino e aprendizagem. *In*: CAIADO, **Karina** Rodrigues Martins; BAPTISTA, Camila Ribeiro; JESUS, Daniela Miranda de (org.). **Deficiência mental e deficiência intelectual em debate**. São Paulo: Navegando, 2017. p. 265-286.

POKER, Rosimar Bortolini et al. **Plano de desenvolvimento individual para o atendimento educacional especializado**. São Paulo: Cultura Acadêmica, 2013.

PRODANOV, Cleber Cristiano; FREITAS, Ernani Cesar de. **Metodologia do trabalho científico**: métodos e técnicas da pesquisa e do trabalho acadêmico. 2. ed. Novo Hamburgo: Feevale, 2013.

RANGEL, Ana Cristina Souza. **Educação matemática e a construção do número pela criança**: uma experiência em diferentes contextos sócio-econômicos. Porto Alegre: Editora Artes Médicas, 1992.

REZENDE, Angelo Raphael Tolentino de. **Dificuldades aritméticas em indivíduos com transtorno do déficit de atenção/hiperatividade**: avaliação clínica e por neuroimagem funcional. 2013. Tese (Doutorado) – Universidade de São Paulo, São Paulo, 2013. Disponível em: https://www.teses.usp.br/teses/disponiveis/5/5138/tde-17012014113849/publico/AngeloRaphaelTolentinoRezende.pdf. Acesso em: 14 out. 2019.

RICHTER, Jaqueline. **Avaliação de habilidades Matemáticas básicas na sala de recursos multifuncionais**. 2022. 435 f. Dissertação (Mestrado Profissional em Ensino de Ciências Exatas) – Universidade Federal do Rio Grande – FURG, Programa de Pós-Graduação em Ensino de Ciências Exatas, Santo Antônio da Patrulha, RS, 2022. Disponível em: https://argo.furg.br/?BDTD13217. Acesso em: 15 jan. 2023.

RICHTER, Jaqueline; RIBEIRO, Marcus Eduardo Maciel. Como os estudos de Piaget e Kamii podem ser percebidos nos objetos de conhecimento apresentados na BNCC? **Revista Eletrônica de Educação Matemática**, Florianópolis, v. 16, p. 1-21, 2021. Disponível em: https://periodicos.ufsc.br/index.php/revemat/article/view/78331. Acesso em: 2 ago. 2020.

RIO GRANDE DO SUL. Lei nº 10.116, de 23 de março de 1994. Institui a Lei do Desenvolvimento Urbano [...]. Porto Alegre, 1994. Disponível em: https://www.al.rs.gov.br/legis/M010/M0100099.ASP?Hid_Tipo=TEXTO&Hid_TodasNormas=13479&hTexto=&Hid_IDNorma=13479. Acesso em: 15 abr. 2020.

RIO GRANDE DO SUL. Lei 11.666, de 06 de setembro de 2001. Introduz modificações na lei nº 8.535, de 21 de janeiro de 1988, e alterações, que cria a Fundação de Atendimento ao Deficiente e ao Superdotado no Rio Grande do Sul - FADERS e dá outras providências. Porto Alegre, 6 set. 2001. Disponível em: http://www.al.rs.gov.br/filerepository/repLegis/arquivos/11.666.pdf. Acesso em: 26 out. 2020.

RIO GRANDE DO SUL. Ministério Público do Rio Grande do Sul. Comissão Especial de Educação Especial/CEED. Parecer nº 56, de 6 de janeiro de 2006. Orienta a implementação das normas que regulamentam a Educação Especial no Sistema Estadual de Ensino do Rio Grande do Sul. [S. l.], 6 jan. 2006. Disponível em: https://www.mprs.mp.br/legislacao/portarias/3249/. Acesso em: 18 abr. 2020.

RIO GRANDE DO SUL. Conselho Estadual de Educação do Rio Grande do Sul. Resolução n° 267, de 10 de junho de 2020. Fixa os parâmetros para a oferta da Educação Especial no Sistema Estadual de Ensino. [S. l.], 10 abr. 2002. Disponível em: https://www.ceed.rs.gov.br/upload/arquivos/202001/17165645-20141117152428reso-0267.pdf. Acesso em: 24 fev. 2024.

ROPOLI, Edilene Aparecida; MANTOAN Maria Teresa Eglér; SANTOS Maria Terezinha da Consolação Teixeira dos; MACHADO Rosângela. **A Educação Especial na Perspectiva da Inclusão Escolar**: A Escola Comum Inclusiva. Brasília: Ministério da Educação, Secretaria de Educação Especial; Fortaleza: Universidade Federal do Ceará, 2010. Disponível em: http://www.repositorio.ufc.br/handle/riufc/43213. Acesso em: 13 ago. 2020.

SALABERRY, Neusa Teresinha. Machado. **A APAE educadora**: na prática de uma unidade da APAE de Porto Alegre. 2007. Dissertação (Mestrado em Educação) – Pontifícia Universidade Católica do Rio Grande do Sul, Porto Alegre, 2007. Disponível em: http://tede2.pucrs.br/tede2/bitstream/tede/3569/1/407645.pdf. Acesso em: 3 dez. 2021.

SCHIMITT, Marlene Aparecida Bernardes. **A Construção do Conceito de Número na Alfabetização Matemática**. Blumenau: Edifurb, 2017.

SILVA, Luzia Guacira dos Santos. Formação inicial e continuada em Educação Especial — da graduação à pós-graduação. In: NUNES, Débora Regina de Paula; VIANA, Flávia Roldan; SILVA, Katiene Symone de Brito Pessoa da; GONÇALVES, Maria de Jesus (org.). **Educação inclusiva**: conjuntura, síntese e perspectivas. Marília: ABPEE, 2021. p. 47-64.

TEZZARI, Mauren Lúcia. Edouard Séguin e a Educação Especial: História e atualidade de sua obra. **Rev. Cadernos de Pesquisa em Educação PPGE-UFES**, Vitória, v. 16, n. 31, p. 26- 44. 2010. Disponível em: https://periodicos.ufes.br/index.php/educacao/article/view/4395. Acesso em: 13 set. 2020.

TRISTÃO, Rosana Maria. **Educação infantil**: saberes e práticas da inclusão: dificuldades acentuadas de aprendizagem ou limitações no processo de desenvolvimento. 4. ed. Brasília: MEC, Secretaria de Educação Especial, 2006. Disponível em: http://portal.mec.gov.br/seesp/arquivos/pdf/dificuldadesdeaprendizagem.pdf. Acesso em: 2 mar. 2020.

VELTRONE, Aline Aparecida; MENDES, Enicéia Gonçalves. Descrição das propostas do Ministério da Educação na avaliação da deficiência intelectual. **Paidéia**,

Ribeirão Preto, v. 21, n. 50, p. 413-421, 2011. Disponível em: https://www.scielo.br/j/paideia/a/YLyRDpyDr5fqmKjZ8XtRdqp/?format=pdf&lang=pt. Acesso em: 15 maio 2020.

VENÂNCIO AIRES. Lei nº 4.361, de 14 de abril de 2009. Institui serviço de atendimento ao aluno, através do "Centro Integrado de Educação e Saúde" no âmbito das Secretarias de Educação, Saúde e Desenvolvimento Social. Venâncio Aires, RS, 2009. Disponível em: https://leismunicipais.com.br/a/rs/v/venancio-aires/lei-ordinaria/2009/437/4361/lei-ordinaria-n-4361-2009-institui-servico-de--atendimento-ao-aluno-atraves-do-centro-integrado-de-educacao-e-saude-no--mbito-das-secretarias-de-educacao-saude-e-desenvolvimento-social?q=4.361. Acesso em: 24 jul. 2021.

VILELA, Maria Aparecida Augusto Satto. **A disseminação da deficiência mental no Campo da educação**: a Revista Educação. 2006. Dissertação (Mestrado em Educação) — Pontifícia Universidade Católica de São Paulo, São Paulo, 2006. Disponível em: https://tede2.pucsp.br/handle/handle/10592. Acesso em: 12 abr. 2020.

VOGT, Grasielle Hoffmann; CAGLIARI, Alexandro. Conhecimentos e práticas inclusivas acerca dos transtornos de aprendizagens mais frequentes no município de Venâncio AIRES-RS. **Rev. psicopedag.**, São Paulo, v. 36, n. 109, p. 10-23, 2019. Disponível em http://pepsic.bvsalud.org/scielo.php?script=sci_arttext&pid=S0103-84862019000100003&lng=pt&nrm=iso. Acesso em: 19 out. 2021.

VOLTOLINI, Márcia Regina; ALMEIDA, Lirane Elize Defante Ferreto de. **Avaliação Diagnóstica no Contexto Escolar**: O Estudo de Caso Do Aluno X. 1. ed. Paraná: Cadernos PDE, 2014. 28 p. Disponível em: http://www.diaadiaeducacao.pr.gov.br/portals/cadernospde/pdebusca/producoes_pde/2014/2014_unioeste_edespecial_artigo_marcia_regina_voltolini.pdf. Acesso em: 12 set. 2019.

WADSWORTH, Barry J. **Inteligência e afetividade da criança na teoria de Piaget**. 5. ed. São Paulo: Editora Pioneira, 1997.

WEISS, Maria Lucia L. **Psicopedagogia clínica**: uma visão diagnóstica dos problemas de aprendizagem escolar. 14. ed. Rio de Janeiro: Editora: Lamparina, 2012.

WERNER, Hilda Maria Leite. **O processo da construção do número, o lúdico e TICs como recursos metodológicos para criança com deficiência intelectual**. Caderno Pedagógico (Programa de Desenvolvimento Educacional) – Secretaria do Estado de Educação. Paranaguá, 2008. Disponível em: http://www.diaadiaeducacao.pr.gov.br/portals/pde/arquivos/2443-6.pdf. Acesso em: 8 jun. 2020.

XAVIER, Maíra da Silva; BRIDI, Fabiane Romano de Souza. Práticas pedagógicas inclusivas: aproximações entre a Educação Especial e Educação Matemática. *In*: PAVÃO, Ana Cláudia Oliveira; PAVÃO, Sílvia Maria de Oliveira (org.). **Práticas Educacionais Inclusivas na Educação Básica**. Santa Maria: Facos UFSM, 2019. Disponível em: https://repositorio.ufsm.br/bitstream/handle/1/18770/Pr%C3%A1ticas%20Educacionais%20Inclusivas%20na%20Educa%C3%A7%C3%A3o%20B%C3%A1sica.pdf?sequence=1&isAllowed=y. Acesso em: 30 abr. 2020.

OBRAS CONSULTADAS

ANDRÉ, Marli. Mestrado Profissional e Mestrado Acadêmico: Aproximações e Diferenças. **Revista Diálogo Educacional**, [s. l.], v. 17, n. 53, p. 823-841, 2017. Disponível em: https://periodicos.pucpr.br/dialogoeducacional/article/view/8459. Acesso em: 22 nov. 2021.

BASTOS, José Antônio. Discalculia: transtorno específico da habilidade em matemática. *In*: ROTTA, Newra Tellechea; OHLWEILER, Lygia. RIESGO, Rudimar. dos Santos. **Transtornos de aprendizagem**: abordagem neurobiológica e multidisciplinar. Porto Alegre: Artmed, 2006.

BENDER, Andrea; BELLER, Susan. Sistemas de numeração como ferramentas culturais para cognição numérica. *In*: BERCH, Daniel; GEARY, David; KOEPKE, Kathleen Mann. **Language and Culture in Mathematical Cognition**. [S. l.: s. n.], 2018. v. 4, p. 297-320.

BURGO, Ozilia Geraldini. **O ensino e a aprendizagem do conceito de número na perspectiva piagetiana**: uma análise da concepção de professores da educação infantil. Dissertação (Mestrado em Educação) – Universidade Estadual de Maringá, Maringá, 2017. Disponível em: https://www.livrosgratis.com.br/ler-livro-online-46241/o-ensino-e-a-aprendizagem-do-conceito-de-numero-na-perspectiva--piagetiana---uma-analise-da-concepcao-de-professores-da-educacao-infantil. Acesso em: 7 out. 2021.

CAPELLINI, Vera Lúcia Martins Ferreira; MENDES, Enicéia Gouveia. O ensino colaborativo favorecendo o desenvolvimento profissional para a inclusão escolar. **Educere Et Educare. Revista de Educação**, Unioeste, Campus de Cascavel, v. 2, n. 4, 2007.

COSTAS, Fabiane Adela Tonetto. A relação entre o conceito de colaboração e os documentos normativos da Educação Especial: implicações para avaliação e intervenção. *In*: NUNES, Débora Regina de Paula; VIANA, Flávia Roldan; SILVA, Katiene Symone de Brito Pessoa da; GONÇALVES, Maria de Jesus. **Educação inclusiva**: conjuntura, síntese e perspectivas. Marília: ABPEE, 2021. 265 p. Disponível em: https://www.abpee.net/pdf/livros/educa%C3%A7%C3%A3o%20 inclusiva.pdf. Acesso em: 12 fev. 2020.

CRUZ, Maria Soraia Silva. **O papel desempenhado pelas experiências extraescolares na construção do sentido de número em crianças**. 2015. Tese (Doutorado em Psicologia) – Universidade Federal de Pernambuco, Recife, 2015. Disponível em: https://repositorio.ufpe.br/handle/123456789/15518. Acesso em: 12 jul. 2020.

DONLAN, Charles. Habilidades matemáticas de crianças com deficiências específicas de linguagem: Testando a teoria do desenvolvimento. *In*: BERCH, Daniel; GEARY, David; KOEPKE, Kathleen Mann. **Language and Culture in Mathematical Cognition**. [*S. l.: s. n.*], 2018. v. 4, p. 131-144.

FAYOL, Michel. **Numeramento**: aquisição das competências matemáticas. São Paulo: Parábola Editorial, 2012.

FERREIRO, Emília; TEBEROSKY, Ana. **Psicogênese da língua escrita**. Porto Alegre: Artmed, 1985.

FONSECA, Maria da Conceição Fonseca Rocha. Alfabetização Matemática. *In*: BRASIL. Secretaria de Educação Básica. Diretoria de Apoio à Gestão Educacional. **Pacto Nacional pela Alfabetização na Idade Certa**: Apresentação\Ministério da Educação, Secretaria de Educação Básica, Diretoria de Apoio à Gestão Educacional. Brasília: MEC, SEB, 2014. p. 27-32. Disponível em: https://wp.ufpel.edu.br/obeducpacto/files/2019/08/Apresentacao.pdf. Acesso em: 2 set. 2020.

FÜLLE, Angelita; CARDOSO, Fabrício Bruno; RUSSO, Rita Margarida Toler; ROSA, Bárbara Madalena Heck da. Neuropsicopedagogia: Ciência da Aprendizagem. *In*: RUSSO, Rita Margarida Toler (org.). **Neuropsicopedagogia Institucional**. Curitiba: Juruá Editora, 2018. p. 25-33.

GARDNER, H. **Inteligência Múltiplas**: a teoria na prática. Tradução de Maria Carmen Silveira Barbosa. Porto Alegre: Artes Médicas, 1993.

GEARY, David. C. Mathematical disabilities: Cognitive, neuropsychological and genetics components. **Psychological Bulletin**, v. 114, n. 2, p. 345-362, 1993. Disponível em: https://pubmed.ncbi.nlm.nih.gov/8416036/. Acesso em: 31 out. 2020.

GEARY, David. Charles; HOARD, Mary. Katherine. Learning disabilities in arithmetic and mathematics: Theoretical and empirical perspectives. *In*: CAMPBELL, Jamie Ian David (org.). **Handbook of mathematical cognition**. New York: Psychological Press, 2005. p. 253-267.

GOMES, Adriana Leite Lima Verde; POULIN, Jean-Robert; FIGUEIREDO, Rita Vieira de. **A Educação Especial na Perspectiva da Inclusão Escolar**: O Atendimento Educacional Especializado para Alunos com Deficiência Intelectual. Brasília: Ministério da Educação, Secretaria de Educação Especial; Fortaleza:

Universidade Federal do Ceará, 2010. v. 2. Disponível em: http://portal.mec.gov.br/index.php?Itemid=860&id=12625&option=com_content&view=article. Acesso em: 30 abr. 2020.

GOODENOUGH, Florence Laura. **Test de inteligencia Infantil por medio del dibujo de la figura humana**. Buenos Aires: Editorial Paidós, 1961.

JELINEK, Karin Ritter. **Jogos nas aulas de Matemática**: brincadeira ou aprendizagem? 1. ed. Saarbrücken: Novas Edições Acadêmicas, 2015.

LOPES, Maura Corcini. Políticas de inclusão e governamentalidade. **Educação & Realidade**, [s. l.], v. 34, n. 2, p. 153-169, 2009b. Disponível em: https://seer.ufrgs.br/educacaoerealidade/article/download/8297/5536. Acesso em: 21 jun. 2021.

MACHADO, Roseli Belmonte. Políticas de inclusão e a docência em educação física: uma reflexão sobre as práticas. **Revista Brasileira de Ciências do Esporte**, [s. l.], v. 39, n. 3, p. 261-267, jul./set. 2017. Disponível em: https://www.sciencedirect.com/science/article/pii/S0101328916301792. Acesso em: 16 fev. 2020.

MARTIN, Rebecca Beth; CIRINO, Paul Thomas; SHARP, Carla; BARNES, Mark. Números e habilidades de contagem no jardim de infância como preditores de habilidades matemáticas da 1ª série. **Learning and Individual Differences**, [s. l.], v. 34, p. 12-23, 2014. Disponível em: https://www.ncbi.nlm.nih.gov/pmc/articles/PMC4116688/. Acesso em: 14 set. 2020.

MELO, Helena Sousa. O que me contas, caro três? **Jornal Correio dos Açores**, 2015. Disponível em: https://repositorio.uac.pt/bitstream/10400.3/4001/1/O_que_me_contas_caro_tr%C3%AAs_03_12_2015.pdf. Acesso em: 25 set. 2021.

MENDES, Ana Maria; BRYANT, Peter Edward; SERRAZINA, Lurdes. A competência que as crianças pequenas têm para contar e fazer inferências numéricas entre conjuntos. **Da investigação às práticas – estudos de natureza educacional**, [s. l.], v. 5, n. 1, p. 93-110, 2004. Disponível em: https://www.eselx.ipl.pt/sites/default/files/media/2016/7_a_competencia_que_as_criancas_pequenas_tem_para_contar_e_fazer_inferencias_numericas.pdf. Acesso em: 30 jun. 2020.

MENDES, Eniceia Aparecida; D´AFFONSECA, Sandra Mara. Avaliação dos estudantes público-alvo da educação especial: perspectiva dos professores especializados. **Revista Educação Especial (UFSM)**, v. 31, n. 63, p. 923-938, 2018. Disponível em: https://www.redalyc.org/journal/3131/313158928010/html/. Acesso em: 2 mar. 2020.

MORGADO, Luísa Maria de Almeida. **Aprendizagem operatória da conservação das quantidades numéricas**. Lisboa: INIC, 1988.

MUNARI, Alberto. **Jean Piaget**. Tradução de Daniele Saheb. Recife: Fundação Joaquim Nabuco, Editora Massangana, 2010.

NUNES, Terezinha Carraher; BRYANT, Peter Edward; BARROS, Rossana; SYLVA, Kathy. The relative importance of two different mathematical abilities to mathematical achievement. **The British journal of educational psychology**, v. 82, p. 136-156, 2012. Disponível em: https://pubmed.ncbi.nlm.nih.gov/22429062/. Acesso em: 15 mar. 2020.

OKAMOTO, Yasuko; CASE, Robbie. Explorando a microestrutura das estruturas conceituais centrais da criança no domínio do número. **Monographs of the Society for Research in Child Development**, [s. l.], v. 61, n. 1-2, p. 27-58, 1996. Disponível em: https://pubmed.ncbi.nlm.nih.gov/8657168/. Acesso em: 23 jun. 2020.

PAVÃO, Ana Cláudia Oliveira; PAVÃO, Sílvia Maria de Oliveira (org.). **Práticas Educacionais Inclusivas na Educação Básica**. Santa Maria: Facos UFSM, 2019. Disponível em: https://www.ufsm.br/editoras/facos/praticas-educacionais-inclusivas-na-educacao-basica/. Acesso em: 9 ago. 2020.

PICQ, Louis; VAYER Pierre. **Educação psicomotora e retardo mental**. São Paulo: Manole, 1988.

ROSSIT, Rosana Aparecida Salvador. **Matemática para deficientes mentais**: contribuições do paradigma de equivalência de estímulos para o desenvolvimento e avaliação de um currículo. 2003. Tese (Doutorado em Ciências Humanas) – Universidade Federal de São Carlos, São Carlos, 2003. Disponível em: https://repositorio.ufscar.br/handle/ufscar/2857?show=full. Acesso em: 17 out. 2019.

SANTOS, Janiele de Souza. **Construção do conceito de número em estudantes com síndrome de Down**: estratégias e recursos pedagógicos na sala de aula. 2019. Dissertação (Mestrado em Educação) – Unesp, Universidade Estadual Paulista "Júlio de Mesquita Filho", Faculdade de Ciências e Tecnologia, 2019.

SILVA, Mariane Carloto da; SOUZA, Karla Andressa de Morais Rossi de. A Educação Matemática para alunos com deficiência intelectual no contexto da escola inclusiva. *In*: PAVÃO, Ana Cláudia Oliveira; PAVÃO, Sílvia Maria de Oliveira (org.). **Práticas Educacionais Inclusivas na Educação Básica**. Santa Maria: Facos UFSM, 2019.

SOUZA, Thais Cardozo; LIMA, Ana Cristina Cantero Dorsa. A linguagem matemática no cotidiano infantil. XI CONGRESSO NACIONAL DE EDUCAÇÃO – EDUCERE, Pontifícia Universidade Católica do Paraná, 2013, Curitiba. **Anais** [...]. Curitiba, 2013. Disponível em: https://observatoriodeeducacao.institutounibanco.org.br/cedoc/detalhe/xi-congresso-nacional-de-educacao-educere,198373ec-aafa-4407-8cbc-4e4f327950bd. Acesso em: 24 fev. 2024.

SPINILLO, Ana Gimenes. O Sentido de Número e sua Importância na Educação Matemática. *In:* BRITO, Márcia Regina Ferreira de (org.). **Soluções de Problemas e a Matemática Escolar**. Campinas: Alínea, 2006. p. 83-111.

STAINBACK, Susan; STAINBACK, William. **Inclusão**: Um guia para educadores. Porto Alegre: Artes Médicas Sul, 1999.

STEIN, Lilian Milnitsky. **TDE - Teste de Desempenho Escolar**: manual para aplicação e interpretação. São Paulo: Casa do Psicólogo, 1994.

TURCHIELLO, Priscila; SILVA, Sandra Suzana Maximowitz; GUARESCHI, Taís. Atendimento Educacional Especializado. *In*: SILUK, Ana Claudia Pavão (org.). **Atendimento Educacional Especializado**: Contribuições para a Prática Pedagógica. 1 ed. Santa Maria: UFSM, CE, Laboratório de Pesquisa e Documentação, 2014. p. 92-74.

VIANNA, Cláudia Regina; ROLKOUSKI, Elaine Cury. A criança e a Matemática escolar. *In:* BRASIL. Secretaria de Educação Básica. Diretoria de Apoio à Gestão Educacional. **Pacto Nacional pela Alfabetização na Idade Certa**: Apresentação/ Ministério da Educação, Secretaria de Educação Básica, Diretoria de Apoio à Gestão Educacional. Brasília: MEC, SEB, 2014. p. 19-26. Disponível em: https://wp.ufpel.edu.br/obeducpacto/files/2019/08/Apresentacao.pdf. Acesso em: 12 set. 2020.

VIERO, Márcia Bertolo; PAVÃO, Ana Cláudia Oliveira. Dificuldades encontradas pelos professores do AEE. *In*: PAVÃO, Ana Cláudia Oliveira; PAVÃO, Silvia Maria de Oliveira (org.). **Atendimento educacional especializado**: reflexões e práticas necessárias à inclusão. 1. ed. Santa Maria: Facos/UFSM, 2018, v. 1. p. 263-296. Disponível em: https://repositorio.ufsm.br/handle/1/18705. Acesso em: 3 abr. 2020.

ANEXO A

FICHA DO APLICADOR

PROTOCOLO DE AVALIAÇÃO DE HABILIDADES MATEMÁTICAS BÁSICAS PARA A SALA DE RECURSOS MULTIFUNCIONAIS
(Richter, 2022)

Nome: _____ Idade: _____ Turma: _____
Data da aplicação: ___/___/___ Horário de início: ___:___ Horário de término: ___:___

CÓDIGO DA CARTA	RESPOSTAS			CONSIGNA
	Correta 3	Intermediária 2	Incorreta 1	
A CORRESPONDÊNCIA VISUAL DIRETA				
1- A.1				Você não deve contar, só olhar para responder esta pergunta. Os dois grupos possuem a mesma quantidade de objetos? Por que você acha isso?
1- A.2				Lembre-se que você não pode contar, só olhar! As mãos e os dados representam a mesma quantidade? Como assim?
1- A.3				Você conhece esse material aqui? Você já usou nas aulas? Essas duas figuras representam a mesma quantidade? Por que você acha isso?
B PERCEPÇÃO VISUAL INDIRETA				
1- B.1				Olhe bem para estes dois conjuntos, eles possuem a mesma quantidade de frutas? Por que você acha isso?
1- B.2				Olhe bem estes dois grupos, como é o nome desta figura geométrica (apontar para o quadrado)? ☐ E o nome desta outra (apontar para os círculos)? ○ Tem a mesma quantidade de círculos e quadrados? Por que você acha isso?
1- B.3				Este número representa a quantidade de estrelas deste grupo? Por que você acha isso?
C PERCEPÇÃO DA CORRESPONDÊNCIA DE UM ELEMENTO DE UM CONJUNTO COM VÁRIOS ELEMENTOS DE OUTRO CONJUNTO				
1- C.1				Olhe estes dois grupos, vai ter sapatos suficientes para cada um dos pés? Me explique por que você acha isso?
1- C.2				Se cada prato receber uma colher, um garfo e uma faca, vai ter talheres o suficiente? Como você chegou nesta resposta?
1- C.3				Qual das contas dá 9? Explica para mim como você descobriu isso?
D ASSOCIAÇÃO DE UMA IDEIA PRESENTE EM DOIS OBJETOS DIFERENTES				
1- D.1				Todos os animais vão ter comida? Mostra para mim?
1- D.2				Olhe com atenção para estas contas, o 4+4+4 dá o mesmo resultado de 3+3+3+3? Explica para mim?
1- D.3				Você conhece frações? ( )SIM ( )NÃO ( )NÃO SEI Olhe para essas frações, elas representam a mesma quantidade? Explica para mim como você descobriu a resposta?
TOTAL				**RESULTADO DA CORRESPONDÊNCIA:**
2.1				Olhando para os dois grupos, onde você acha que tem mais? Princípio de contagem: _____ Por que você acha isso?
2.2				O menino possui 8 bolas, a menina possui 4 bolas. O que dá para fazer para que os dois fiquem com a mesma quantidade de bolas? Como descreveu a resolução?
2.3				O que estas árvores possuem de igual? Quais aspectos apontou? E no que elas são diferentes?
TOTAL				**RESULTADO DA COMPARAÇÃO:**
3.1				Me fale o nome das cores dos cubos que estão na carta. Me mostre só os amarelos. Quantos cubos são amarelos? Princípio de contagem: _____
3.2				Olhe as imagens desta carta, me mostre todas as grandes. Agora me mostre todos os animais que têm. Há quantos animais grandes?
3.3				Você sabe o que são números pares? SIM NÃO NÃO SEI Me mostre os números pares? Como você sabe quais são pares e quais são ímpares? Explique.
TOTAL				**RESULTADO DA CLASSIFICAÇÃO:**

Fonte: adaptado pela autora de Richter (2022)

PROTOCOLO DE AVALIAÇÃO DE HABILIDADES MATEMÁTICAS BÁSICAS PARA A SALA DE RECURSOS MULTIFUNCIONAIS
(Richter, 2022)

Habilidade	Item				Descrição
SEQUENCIAÇÃO	4.1				Olhe estas figuras, como você organizaria elas? Me explique por que faria assim? Qual critério utilizou?
	4.2				Me diga o nome destes números. Olhe estes números todos, se você tivesse de organizar eles, como você faria? Por que faria assim? Qual critério utilizou?
	4.3				Você lembra o que são frações? SIM NÃO NÃO SEI. Olhe para essas frações, se alguém pedisse para você organizar elas, como faria? Por que faria assim? Qual critério utilizou?
	TOTAL				RESULTADO DA SEQUENCIAÇÃO:
SERIAÇÃO DE ORDENAÇÃO	5.1				Olhe para estas imagens. Elas são uma história, o que você acha que acontece primeiro? Qual é a segunda? O que acontece depois? Contou a história? SIM NÃO
	5.2				Olhe com atenção estas imagens. Se eu quiser continuar a colocar peças ali, qual peça eu deveria usar? Me mostre ela. Por que você escolheu esta peça?
					Olhe com atenção para essas imagens, no grupo A temos uma série de cubos e esferas, que peças precisaríamos colocar para continuar ela? Por que você escolheu estas?
	5.3				No grupo B há números, que número você colocaria para continuar esta sequência? Por que você escolheu este número?
					No grupo C estes algarismos, eles estão formando um número, vou te perguntar quanto vale cada um dos algarismos desse número, isso levando em conta o lugar em que está posicionado. Quanto vale o 5? Quanto vale o 4? Você sabe quanto o 7 vale ali nessa posição? E o 6? Como você descobriu quanto cada número vale?
	TOTAL				RESULTADO DA SERIAÇÃO OU ORDENAÇÃO:
INCLUSÃO	6.1				Olhe com atenção para as imagens desta carta, qual delas não pertence ao grupo? Por que você escolheu esta?
	6.2				Olhe estas figuras. Qual não pertence ao conjunto? Me explica por que você escolheu esta?
	6.3				Olhe estes dois conjuntos, eles têm coisas em comum e algumas diferenças. O que os dois conjuntos têm em comum? Explique para mim.
					Que tipo de números estão no conjunto A?
					E no conjunto B?
	TOTAL				RESULTADO DA INCLUSÃO:
CONSERVAÇÃO	7.1				O conjunto A e o conjunto B possuem corações. O conjunto A possui mais, menos ou a mesma quantidade de corações que o conjunto B? Explique por que você acha isso. Princípio de contagem: ___
	7.2				A menina demorou 30 minutos para fazer seu tema, já o menino demorou meia hora para terminar o tema dele. A menina demorou mais, menos ou a mesma quantidade de tempo do menino? Explique por que você acha isso.
	7.3				Se com 1 litro de suco eu consigo encher 4 copos. Com 4 copos de suco eu consigo encher uma garrafa de um litro? Explique o que você pensou para conseguir resolver essa questão.
	TOTAL				RESULTADO DA CONSERVAÇÃO:

HABILIDADE	PONTUAÇÃO TOTAL
CORRESPONDÊNCIA	
COMPARAÇÃO	
CLASSIFICAÇÃO	
SEQUENCIAÇÃO	
SERIAÇÃO	
INCLUSÃO	
CONSERVAÇÃO	

NÍVEL	PORCENTAGEM	PONTUAÇÃO POR NÍVEL	PONTUAÇÃO DO ESTUDANTE
Alto	91 a 100%	103 a 114 pontos	
Intermediário	51 a 90%	58 a 102 pontos	
Baixo	até 50%	38 a 57 pontos	

Fonte: adaptado pela autora de Richter (2022)

ANEXO B

MATRIZ DE PONTUAÇÃO

UNIVERSIDADE FEDERAL DO RIO GRANDE - FURG
Mestrado Profissional em Ensino de Ciências Exatas
PROTOCOLO DE AVALIAÇÃO DE HABILIDADES MATEMÁTICAS BÁSICAS PARA A SALA DE RECURSOS MULTIFUNCIONAIS
Mestranda Jaqueline Richter
Orientador professor Dr. Marcus Eduardo Maciel Ribeiro

Nome: _____ Idade: _____ Turma: _____
Data da aplicação: ___/___/___ Horário de início: ___:___ Horário de término: ___:___

PONTUAÇÃO TOTAL			
NÍVEL	PORCENTAGEM	PONTUAÇÃO POR NÍVEL	PONTUAÇÃO DO ESTUDANTE
Nível alto	91 a 100%	103 a 114	
Nível intermediário	51 a 90 %	58 a 102	
Nível baixo	- de 50 %	38 a 57	

Fonte: disponível em: https://argo.furg.br/?BDTD13217. Acesso em: 1 ago. 2023

ANEXO C

CARTAS DE APLICAÇÃO

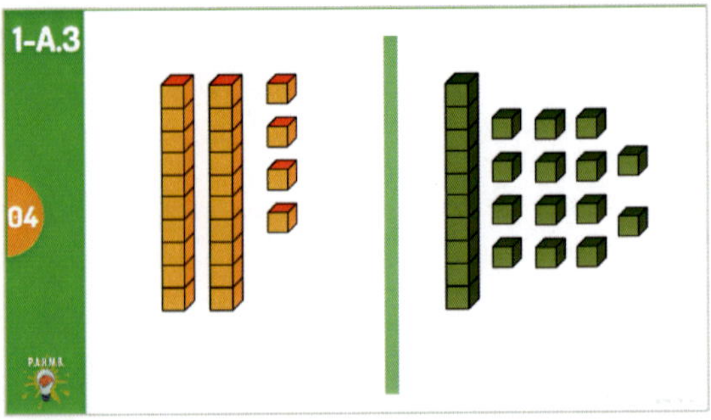
1-A.3
04

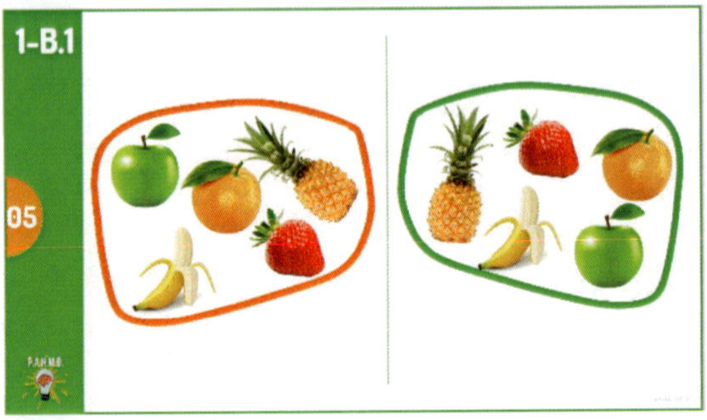
1-B.1
05

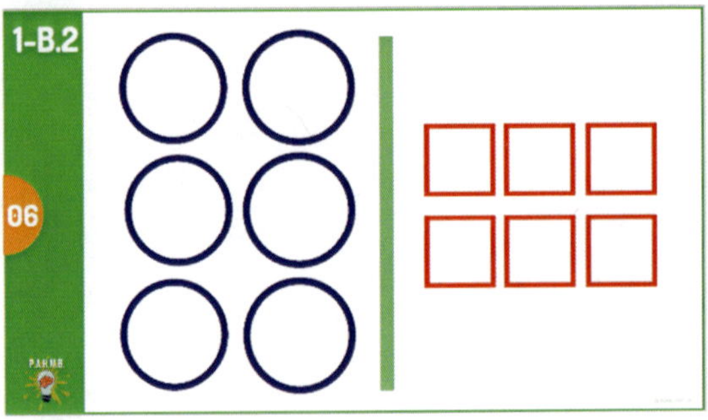
1-B.2
06

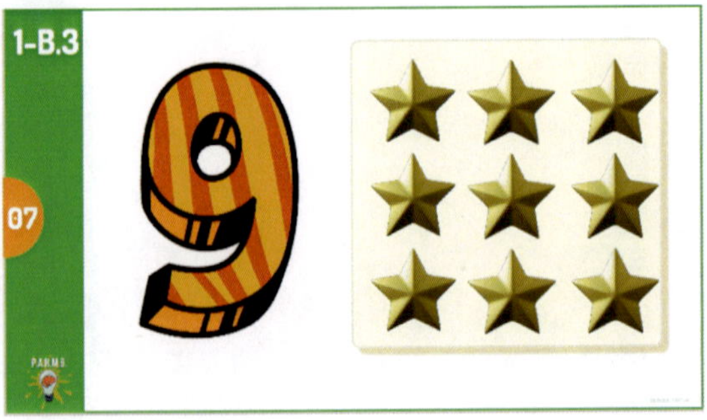
1-B.3
07

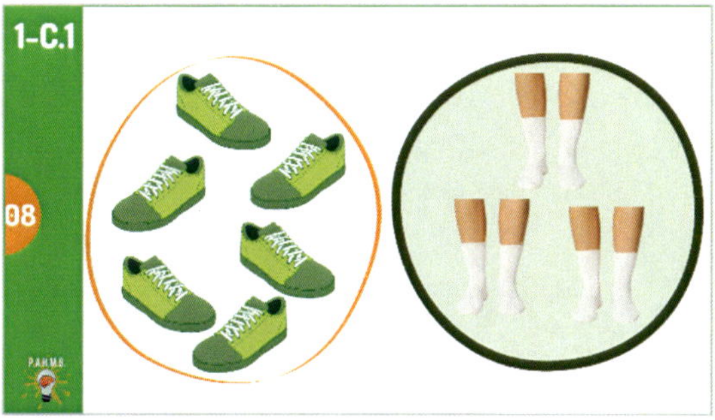
1-C.1
08
P.A.H.M.B.

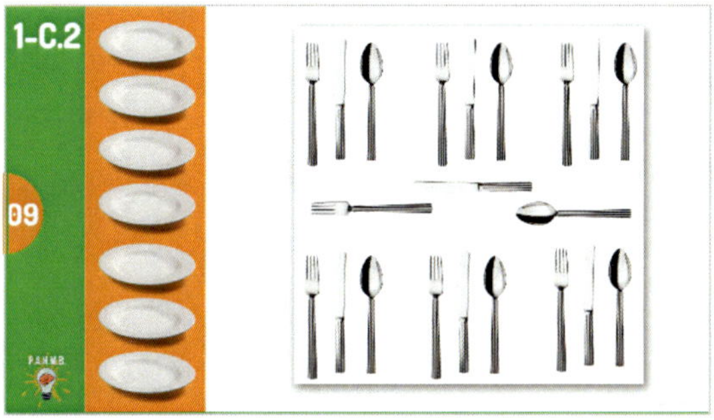
1-C.2
09
P.A.H.M.B.

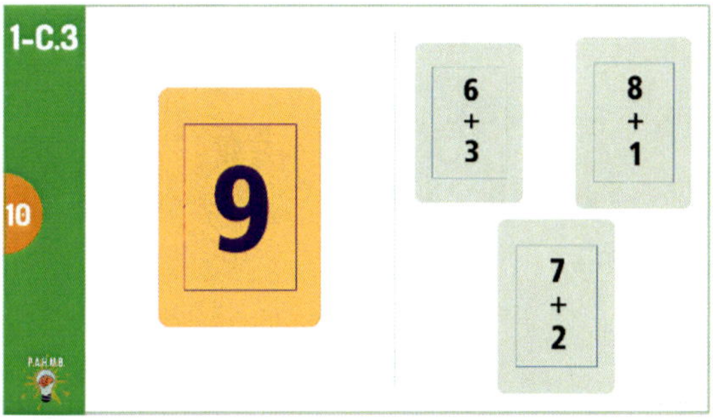
1-C.3
10
P.A.H.M.B.
9
6 + 3
8 + 1
7 + 2

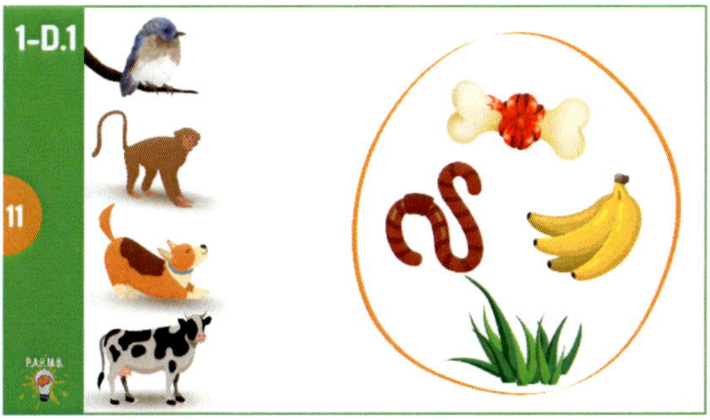
1-D.1
11
P.A.H.M.B.

1-D.2

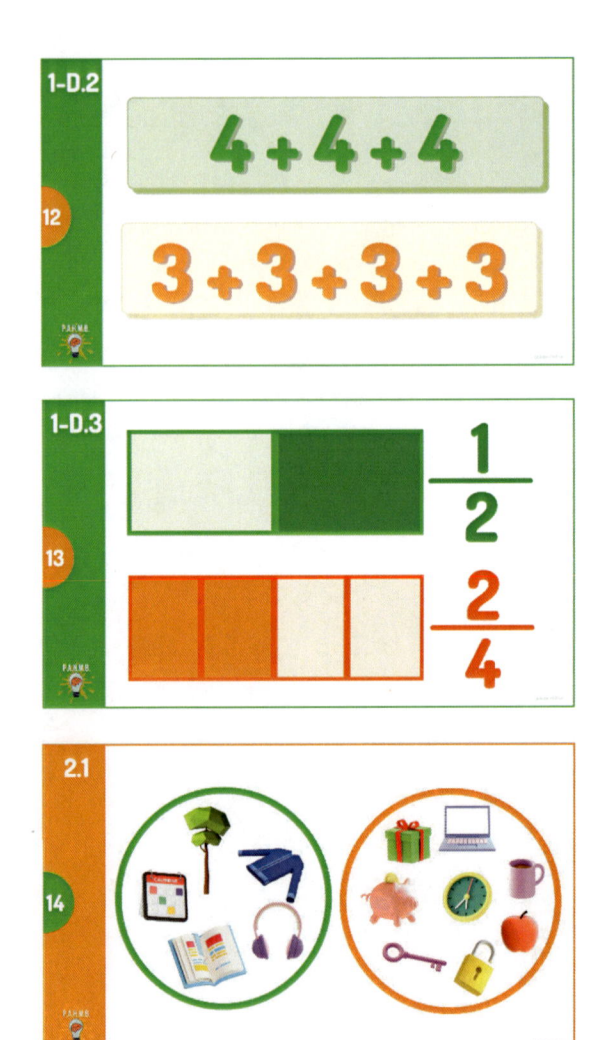

12

$4 + 4 + 4$

$3 + 3 + 3 + 3$

1-D.3

13

$\dfrac{1}{2}$

$\dfrac{2}{4}$

2.1

14

2.2

15

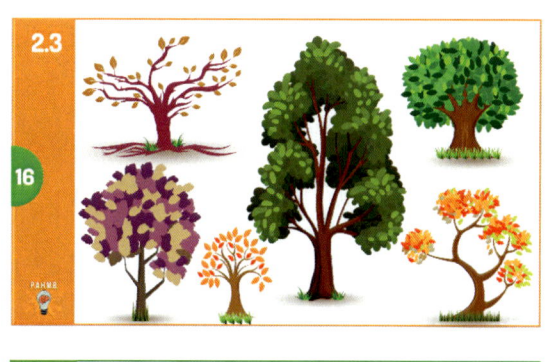

AVALIAÇÃO DAS HABILIDADES BÁSICAS DA MATEMÁTICA: UM DESAFIO PARA A EDUCAÇÃO ESPECIAL

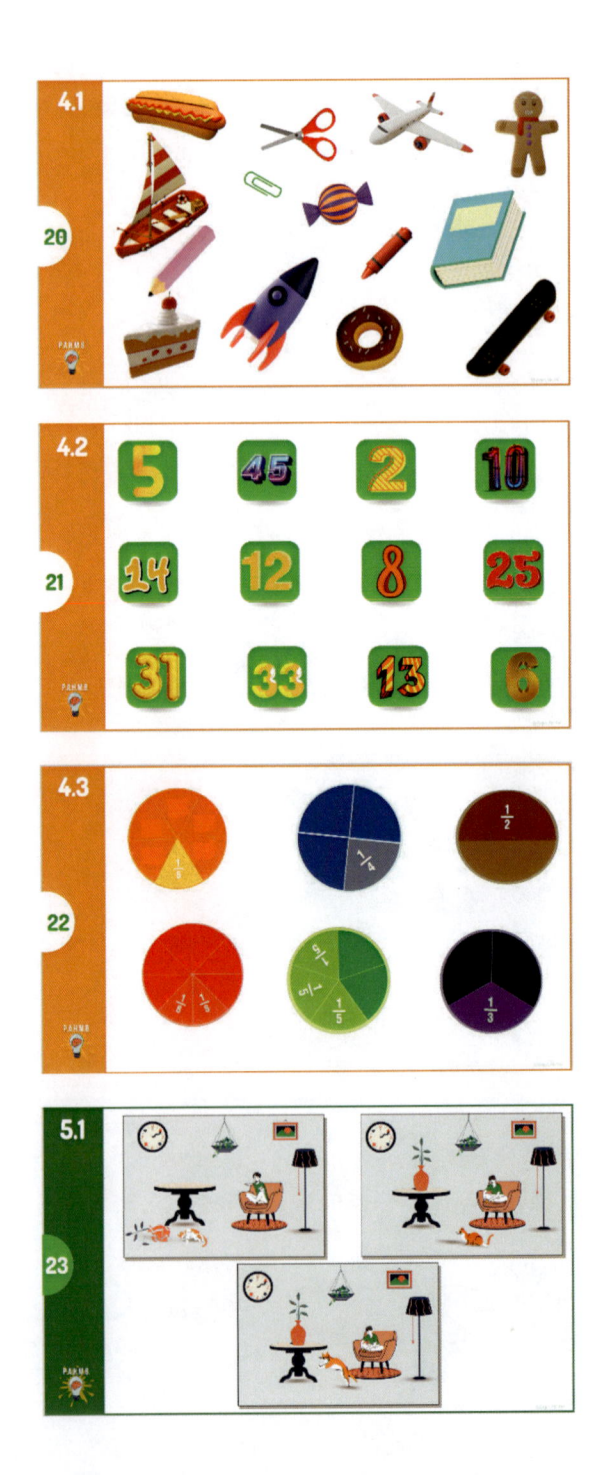

JAQUELINE RICHTER

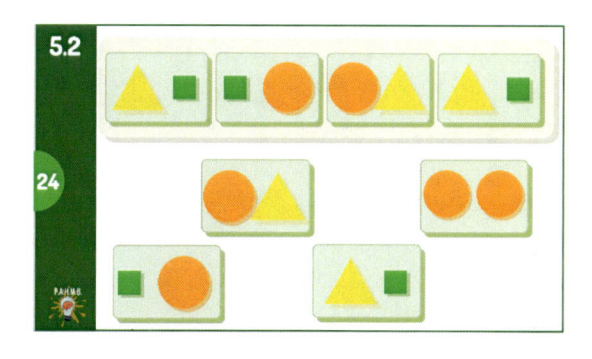

AVALIAÇÃO DAS HABILIDADES BÁSICAS DA MATEMÁTICA: UM DESAFIO PARA A EDUCAÇÃO ESPECIAL

225

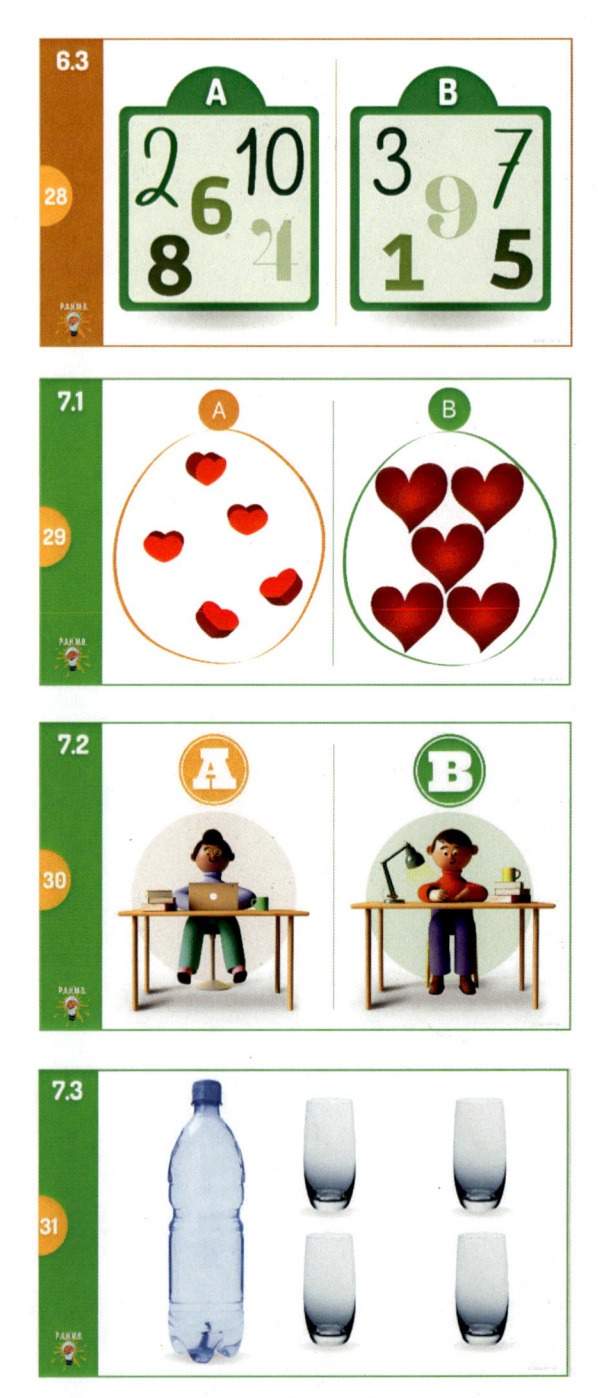

Fonte: disponível em: https://argo.furg.br/?BDTD13217. Acesso em: 1 ago. 2023